特种设备安全监察与检验检测及使用管理专业基础

主　编：宋　涛

副主编：刘文东　陈海洲　欧星海　唐　湘　肖彦君　闫登强　芮道道　刘庆祝

编　者：（排名不分先后）

吴佩龙　吴　升　阳　倩　刘凤兰　付　婷　翟悦浩　曾咏诗　邓　广

谢文奎　肖化明　凌逸湘　唐瑞辰　罗文懿　苏　睿　罗孝丰　贺利民

罗　浩　邓捷方　王博文　李　军　黄　波　张一鸣　向文涛

湖南省特种设备检验检测研究院
湖南省特种设备管理协会　审订

湖南科学技术出版社

序　言

特种设备是生产和生活中广泛使用的重要技术设备和设施，由于其性能的特殊性，特种设备与人类相伴相随，对于维持城市社会高效运转、提升生活品质、提高生产效率发挥着基础性的服务功能。

随着经济社会的快速发展，生活水平的提高，特种设备在数量上、种类上、性能上，都发生了质的变化。为加强特种设备监督管理，国家市场监督管理总局对现行特种设备生产许可项目、特种设备作业人员和检验检测人员资格认定项目进行了精简整合，制定了《特种设备生产单位许可目录》《特种设备作业人员资格认定分类与项目》《特种设备检验检测人员资格认定项目》等法规，对特种设备实行目录管理。

由于特种设备危险性较大，一旦发生事故将会造成无可挽回的损失，直接关系到人民群众的生命财产安全和社会稳定。如何管理和使用特种设备，如何有效防止各类特种设备事故的发生，是特种设备安全管理的重要内容。特种设备安全监察人员以及使用单位管理人员是履行安全责任的主要力量，提升并加强特种设备监察人员及使用管理人员的专业素质至关重要。

本书以《中华人民共和国特种设备安全法》以及最新颁布的安全技术规范为依据进行编制，结合特种设备行业最新设备的性能，总结特种设备常见事故和缺陷处理的经验，对锅炉、压力容器（含气瓶）、压力管道、电梯、起重机械、客运索道、游乐设施、场（厂）内机动车辆等八大类特种设备的使用、监督与管理的方法进行了详细的解读，可帮助特种设备监察人员及使用管理人员掌握相关特种设备安全技术规范、规程及必要的专业技术知识，明晰特种设备的概念，树立特种设备安全管理意识，提高特种设备管理能力和水平，切实肩负起特种设备监督管理职能，从而有效防止各类特种设备事故的发生，把特种设备安全工作真正落到实处。

本书可满足全国安全监察重点工作的需要，同时也是行业内日常工作的技术指导用书。

楊親聆

2021年2月1日

CONTENTS 目录

第1章　锅炉

1.1　基础知识

锅炉的定义：锅炉是指利用各种燃料或其他能源，将盛装的液体加热到一定的参数，并通过对外输出介质的形式提供热能的设备，其范围规定为设计正常水位容积大于或者等于30L，且额定压力大于或者等于0.1MPa（表压）的承压蒸汽锅炉；出口水压大于或者等于0.1MPa（表压），且额定功率大于或者等于0.1MW的承压热水锅炉；额定功率大于或者等于0.1MW的有机热载体锅炉。（《特种设备目录》2014）

顾名思义，锅炉由“锅”和“炉”以及保证“锅”和“炉”安全运行所必需的安全附件、阀门仪表和附属设备等三大部分组成。

受监察的锅炉范围及特殊情况：《特种设备目录》范围内的蒸汽锅炉、热水锅炉、有机热载体锅炉，以及余（废）热锅炉。

1.1.1 锅炉本体

锅炉本体是由锅筒（壳）、启动（汽水）分离器及储水箱、受热面、集箱及其连接管道、炉膛、燃烧设备、空气预热器、炉墙、烟（风）道、构架（包括平台和扶梯）等组成的整体。

整装锅炉

散装锅炉

锅炉本体中锅部分典型部件图例

锅筒

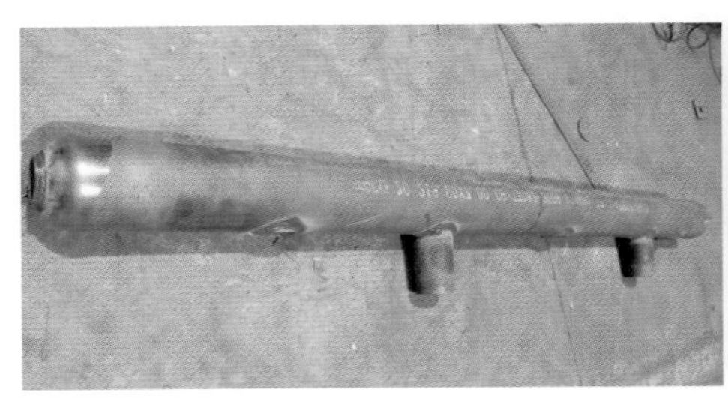
集箱

膜式水冷壁

铸铁省煤器

过热器管

锅炉本体中炉部分典型部件图例

整装锅炉煤斗和炉排

炉排片

燃油/燃气燃烧机

出渣机

1.1.2 锅炉范围内管道

锅炉范围内管道如下：

（1）电站锅炉，包括锅炉主给水管道、主蒸汽管道、再热蒸汽管道等（注1），以及第一个阀门以内（不含阀门，下同）的支路管道；

（2）电站锅炉以外的锅炉，设置分汽（水、油）缸（以下统称分汽缸，

注2）的，包括给水（油）泵出口至分汽缸出口与外部管道连接的第一道环向焊缝以内的承压管道；不设置分汽缸的，包括给水（油）泵出口至主蒸汽（水、油）出口阀以内的承压管道。

注1：主给水管道指给水泵出口止回阀至省煤器进口集箱以内的管道；主蒸汽管道指末级过热器出口集箱至汽轮机高压主汽阀（对于母管制运行的锅炉，至母管前第一个阀门）以内的管道；再热蒸汽冷段管道指汽轮机排汽止回阀至再热器进口集箱以内的管道；再热蒸汽热段管道指末级再热器出口集箱至汽轮机中压主汽阀以内的管道。

注2：分汽缸应当按照锅炉集箱或者压力容器的相关规定进行设计、制造。

注3：锅炉管辖范围之外的与锅炉相连的动力管道，可以参照锅炉范围内管道要求与锅炉一并进行安装监督检验及定期检验。

1.1.3 锅炉安全附件和仪表

锅炉安全附件和仪表包括安全阀、爆破片，压力测量、水（液）位测量、温度测量等装置（仪表），安全保护装置，排污和放水装置等。

1.1.4 锅炉辅助设备及系统

锅炉辅助设备及系统包括燃料制备、水处理等设备及系统。

1.1.5 监察不适用的锅炉范围

监察不适用于以下设备：

（1）设计正常水位水容积（直流锅炉等无固定汽水分界线的锅炉，水容积按照汽水系统进出口内几何容积计算，下同）小于30L，或者额定蒸汽压力小于0.1MPa的蒸汽锅炉；

（2）额定出水压力小于0.1MPa或者额定热功率小于0.1MW的热水锅炉；

（3）额定热功率小于0.1MW的有机热载体锅炉。

1.1.6 锅炉设备级别

A级锅炉：$P \geqslant 3.8$MPa（表压）的锅炉，包括：

（1）超临界锅炉，$P \geqslant 22.1$MPa；

（2）亚临界锅炉，16.7MPa≤P＜22.1MPa；

（3）超高压锅炉，13.7MPa≤P＜16.7MPa；

（4）高压锅炉，9.8MPa≤P＜13.7MPa；

（5）次高压锅炉，5.3MPa≤P＜9.8MPa；

（6）中压锅炉，3.8MPa≤P＜5.3MPa。

B级锅炉包括：

（1）蒸汽锅炉，0.8MPa＜P＜3.8MPa；

（2）热水锅炉，P＜3.8MPa，且t≥120℃（t为额定出水温度，下同）；

（3）气相有机热载体锅炉，Q＞0.7MW（Q为额定热功率，下同）；液相有机热载体锅炉，Q＞4.2MW。

C级锅炉包括：

（1）蒸汽锅炉，P≤0.8MPa，且V＞50L（V为设计正常水位水容积，下同）；

（2）热水锅炉，0.4MPa＜P＜3.8MPa，且t＜120℃；P≤0.4MPa，且 95℃＜t＜120℃；

（3）气相有机热载体锅炉，Q≤0.7MW；液相有机热载体锅炉，Q≤4.2MW。

D级锅炉包括：

（1）蒸汽锅炉，P≤0.8MPa，且V≤50L；

（2）热水锅炉，P≤0.4MPa，且t≤95℃。

P为额定工作压力/额定出水压力/额定出口压力。

D级锅炉监察特殊要求：

（1）锅炉制造单位应当在锅炉显著位置标注“禁止超压、缺水运行”的安全警示；蒸汽锅炉铭牌上标明“使用年限不超过8年”；

（2）锅炉不需要安装告知，并且不实施安装监督检验；需安装单位和使用单位双方代表书面验收认可后，方可运行；

（3）锅炉不需要办理使用登记；不实行定期检验，但使用单位应当定期对锅炉安全状况自行进行检查；

（4）锅炉的操作人员不需要取得特种设备作业人员证，但锅炉制造单位或者其授权的安装单位应当对作业人员进行操作、安全管理和应急处置培训，培训合格后出具书面证明。

1.1.7 锅炉的分类

（1）按用途分为电站锅炉、工业锅炉和生活锅炉；

（2）按结构形式分为锅壳锅炉和水管锅炉；

（3）按锅壳位置分为立式锅炉和卧式锅炉；

（4）按燃烧室分布分为内燃式锅炉和外燃式锅炉；

（5）按使用燃料分为燃煤锅炉、燃油锅炉和燃气锅炉；

（6）按介质分为蒸汽锅炉、热水锅炉、有机热载体锅炉；

（7）按锅炉的蒸发量分为小型锅炉$D < 20$t/h、中型锅炉20t/h$\leqslant D \leqslant$75t/h、大型锅炉$D > 75$t/h；

（8）按循环压头分为自然循环锅炉、强制循环锅炉、复合锅炉；

（9）按安装方式分为整装锅炉和散装锅炉；

（10）按燃烧方式分为层燃锅炉、室燃锅炉、旋风锅炉、流化床锅炉。

卧式燃煤/燃生物质蒸汽锅炉

结构形式为锅壳锅炉，燃烧方式为层燃锅炉，按循环压头为自然循环锅炉，安装方式为整装锅炉

卧式燃油/燃气蒸汽锅炉

结构形式为锅壳锅炉，燃烧方式为室燃锅炉，按循环压头为自然循环锅炉，安装方式为整装锅炉

卧式燃煤/燃生物质蒸汽锅炉

结构形式为水管锅炉，燃烧方式为层燃锅炉，按循环压头为自然循环锅炉，安装方式为整装锅炉

循环流化床锅炉（电站锅炉）

燃烧方式为流化床锅炉，按循环压头为自然循环锅炉，安装方式为散装锅炉

立式燃煤/燃生物质蒸汽锅炉

结构形式为锅壳锅炉，燃烧方式为层燃锅炉，按循环压头为自然循环锅炉，安装方式为整装锅炉

立式燃煤/燃生物质有机热载体锅炉

燃烧方式为层燃锅炉，按循环压头为强制循环锅炉，安装方式为整装锅炉

1.1.8 几种常见的锅炉结构

1. 卧式内燃锅炉（锅炉型号：WNL、WNS，介质：燃油、燃气）

结构：锅壳、管板、炉胆、烟管。

燃烧设备：固定或链条炉排，燃烧器（燃气、油）。

烟气流程：燃烧火焰直接辐射炉胆，高温烟气从炉胆后部进入转烟室，然后转入第一束烟管，由后向前流动至前烟箱，再转入第二束烟管，由前向后汇集进入烟囱排出。

水循环回路：两束烟管有两侧和前后布置，形成循环回路不同。

卧式内燃锅炉

2. 卧式外燃（水火管）锅炉（锅炉型号：DZW、DZL等，介质：燃煤、燃生物质）

结构：锅筒、管板、烟管、水冷壁管、下降管、后棚管、集箱等。

燃烧设备：往复炉排或链条炉排。

烟气流程：燃烧火焰辐射水冷壁管和锅筒下部，高温烟气从后部进入第一烟束管，由后向前流入烟箱，再转入第二烟束管，由前向后流入后烟室进入烟囱排出。

水循环回路：分三组。

优点：点火升温较快，适应煤种较广，热效较高。

缺点：烟管容易积灰，注意定期排污，水质要软化处理，防止爆管事故，前管板与烟管处裂纹。

卧式外燃（水火管）锅炉

3. 水管锅炉

循环流化床水管锅炉结构图如下：

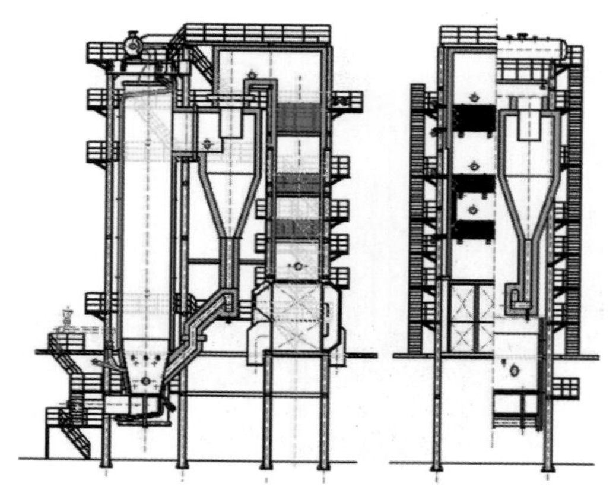

循环流化床水管锅炉

双锅筒纵置式水管锅炉是锅筒的纵向轴线平行于炉排运转方向，双锅筒纵置式水管锅炉机构图如下：

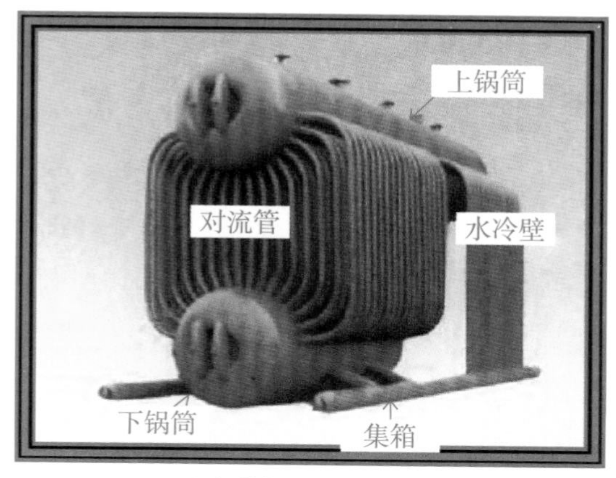

双锅筒纵置式水管锅炉

以上两种水管锅炉的结构都是由上下锅筒、水冷壁管、下降管、集箱、对流管束等部件组成。燃烧设备为振动炉排、链条炉排、往复炉排、抛煤机等。

4. 有机热载体锅炉

有机热载体锅炉是一种以热传导液为加热介质的新型特种锅炉。具有低压高温工作特性。随着工业生产的发展和科学技术的进步，有机热载体锅炉得到了不断的发展和应用。有机热载体锅炉的工作压力虽然比较低，但炉内热传导液温度高，且大多具有易燃易爆的特性，一旦在运行中发生泄漏，将会引起火灾、爆炸等事故，甚至造成人员伤亡和财产损失。因此，对有机热载体锅炉的安全运行和管理，必须高度重视。

有机热载体锅炉

1.1.9 锅炉检验

锅炉检验包括设计文件鉴定、型式试验、监督检验和定期检验。

（1）设计文件鉴定是在锅炉制造单位设计完成的基础上，对锅炉设计文件是否满足《锅炉安全技术规程》及节能环保相关要求进行的符合性审查。

（2）型式试验是验证产品是否满足《锅炉安全技术规程》要求所进行的试验。液（气）体燃料燃烧器应当通过型式试验才能使用。

（3）监督检验（包括制造、安装、改造、重大修理和化学清洗监督检验）是监督检验机构在制造、安装、改造、重大修理和化学清洗单位自检合格基础上，按照《锅炉安全技术规程》要求，对制造、安装、改造、重大修理和化学清洗过程进行的符合性监督抽查。

（4）定期检验是对在用锅炉当前安全状况是否满足《锅炉安全技术规程》要求进行的符合性抽查，包括运行状态下进行的外部检验（水/介质处理定期检验结合锅炉外部检验进行）、停炉状态下进行的内部检验和水（耐）压试验。

由于锅炉设计文件鉴定、型式试验、监督检验均由具备相应资质的单位在锅炉正式投入使用前进行，这里主要介绍锅炉使用环节中的定期检验。另外，根据相关要求，锅炉能效测试工作也是锅炉使用环节中的一项重要工作，也进行介绍。

1.1.9.1 锅炉定期检验安排

锅炉使用单位应当安排锅炉的定期检验工作，并且在锅炉下次检验日期前1个月向具有相应资质的检验机构提出定期检验要求。检验机构接受检验要求后，应当及时开展检验。

1. 锅炉的定期检验周期规定

（1）外部检验，每年进行1次；

（2）内部检验，一般每2年进行1次，成套装置中的锅炉结合成套装置中的大修周期进行，A级高压以上电站锅炉结合锅炉检修同期进行，一般每3~6年进行一次；首次内部检验在锅炉投入运行后1年进行，成套装置中的锅炉和A级高压以上电站锅炉可以结合第一次检修进行；

（3）水（耐）压试验，检验人员或者使用单位对锅炉安全状况有怀疑时，应当进行水（耐）压试验；因结构原因无法进行内部检验时，应当每3年进行1次水（耐）压试验；

（4）成套装置中的锅炉和A级高压以上电站锅炉由于检修周期等原因不能按期进行内部检验时，使用单位在确保锅炉安全运行（或者停用）的前提下，经过使用单位主要负责人审批后，可以适当延期安排内部检验（一般不超过1年且不得连续延期），并且向锅炉使用登记机关备案，注明采取的措施以及下次内部检验的期限。

2. 定期检验特殊情况

除正常的定期检验以外，锅炉有下列情况之一时，也应当进行内部检验：

（1）移装锅炉投运前；

（2）锅炉停止运行1年以上（含1年）需要恢复运行前。

3. 使用单位应当履行的义务

（1）安排锅炉的定期检验工作，并且在锅炉下次检验日期前至少1个月向检验机构提出定期检验申请；

（2）做好检验配合工作以及安全监护工作；

（3）对检验发现的缺陷和问题提出处理或者整改措施并且负责落实，及时将处理或者整改情况书面反馈给检验机构，对于重大缺陷，提供缺陷处理情况的见证资料。

4. 检验方法

（1）内部检验

内部检验应当根据锅炉的具体情况，一般采用宏观检（抽）查、壁厚测量、无损检测、金相检测、硬度检测、割管力学性能试验、内窥镜检测、强度校核、腐蚀产物及垢样分析等。

（2）外部检验

外部检验一般采用资料审查、宏观检（抽）查、见证功能试验等方法进行。

（3）锅炉水（介）质处理定期检验

锅炉水（介）质处理检验结合锅炉外部检验进行。主要检查水处理情况及记录，现场取样检验水（介）质质量。检查有机热载体的酸值、运动黏度、闭口闪点、残炭、水分和低沸物馏出温度等的检验记录或者报告情况。

（4）检验结论

现场检验工作完成后，检验机构应当根据检验情况，结合使用单位对发现的问题的处理情况或者整改情况，做出以下检验结论：

1）符合要求，未发现影响锅炉安全运行的问题或者对发现的问题整改合格；

2）基本符合要求，发现存在影响锅炉安全运行的问题，采取了降低参数运行、缩短检验周期或者对主要问题加强监控等有效措施；

3）不符合要求，发现存在影响锅炉安全运行的问题，对发现的问题未整改合格或者未采取有效措施。

注：现场检验结论为不符合要求且存在严重安全隐患的，应立即作重大问题上报监察机构。

1.1.9.2 锅炉能效测试

锅炉使用单位每两年应当对在用锅炉进行一次定期能效测试，测试工作宜结合锅炉外部检验，由市场监督管理总局确定的能效测试机构进行。

办理锅炉使用登记时，使用单位应当提供锅炉产品能效相关情况。已进行过产品能效测试的，应当提供测试报告；需要在使用现场进行能效测试的，应当提供在规定时间内进行测试的书面承诺和时间安排，以便于市场监督管理部门进行监督检查。

锅炉能效指标不符合要求时，不得办理使用登记。

锅炉能效测试机构发现在用锅炉能耗严重超标时，应当告知使用单位及时进行整改，并且报告所在地的市场监督管理部门。

1.1.9.3 锅炉水（介）质处理检验

锅炉水（介）质处理检验，分为水（介）处理定期检验和锅炉化学清洗过程监督检验。其中水（介）处理定期检验包括水汽质量检验、水处理系统运行检验、锅炉内部化学检验和有机热载体检验。

新安装的锅炉应当结合锅炉安装监督检验进行水汽质量检验，投入运行后的工业锅炉每半年至少进行1次（连续两次合格的，每年1次）水汽质量检验，电站锅炉每年至少进行1次水汽质量检验。

采用锅外水处理方式，并且额定蒸发量大于或者等于1t/h的蒸汽锅炉和额定功率大于或者等于0.7MW的热水锅炉，每年进行1次水处理系统运行检验。

水处理系统运行检验可以结合锅炉定期检验进行。

水（介）质处理定期检验结论分为合格、基本合格、不合格。

水汽质量和有机热载体检验结论为不合格，检验机构应当在报告的备注栏中提出整改要求和期限，并且在规定期满后再次检验。再次检验仍不合格的，检验机构应当报告当地市场监督管理部门。

1.2 锅炉安全监察重点

1.2.1 锅炉制造单位现场安全监察

对于锅炉的制造单位进行现场监察应注意以下几个重点：

（1）锅炉制造单位是否具有有效的《特种设备生产许可证》，且生产的设备是否在许可范围内。

（2）锅炉制造单位的许可条件是否满足以下《特种设备生产与充装单位许可规则》（TSG 07）相关要求，且能够持续保持。

1）管理人员、技术人员、检测人员、作业人员等人员的数量和项目是否满足要求并实际到岗，且检测人员和作业人员（如无损检测人员、焊工）是否持有相应级别的证件。

2）生产场地、厂房、办公场所、仓库是否满足相应要求，且是否发生变化。

3）生产设备、工艺装备、检测仪器、试验装置是否相应满足要求。要求核查的是否定期核查，要求检定的是否按时检定。

4）设计文件、工艺文件、施工方案、检验规程等技术资料是否满足要求。

5）制造单位是否具备与生产相适应的法律、法规、规章、安全技术规范及相关标准。

6）制造单位是否建立与许可范围相适应的质量保证体系，并且保持有效实施。

7）制造单位是否具有保障锅炉安全性能的技术能力，按照锅炉相关安全技术规范及相关标准要求进行锅炉制造活动。

（3）持证单位是否有涂改、倒卖、出租、出借许可证的行为。

（4）制造锅炉所用的设计文件是否有效，且经过设计文件鉴定。

（5）是否生产不符合安全技术规范要求和能效指标以及国家明令淘汰的锅炉设备。

（6）锅炉的制造过程是否按要求实施了制造监督检验。

（7）实施锅炉制造监督检验的单位和人员是否具备相应资质，并按要求进行监督检验报告。

（8）锅炉的出厂资料是否满足法规要求。

1.2.2 锅炉安装、改造、重大修理的施工现场安全监察

对于锅炉安装、改造、重大修理的施工现场监察应注意以下几个重点：

（1）检查施工单位施工前是否进行相关告知，是否进行了监督检验；

（2）检查施工单位的安装许可证是否在有效期内并且与所安装、改造、重大修理锅炉的级别相符合；

（3）检查现场受压元件焊接人员、无损检测人员的持证情况，是否符合相关规定并且满足所从事作业的需要，并进行现场核对；

（4）检查锅炉出厂资料是否齐全、有效；对于移装锅炉还应检查移装前内部检验报告和锅炉使用登记机关的过户变更证明文件；

（5）检查锅炉质量证明书中的制造监检证书是否有效；

（6）检查锅炉定型产品能效测试报告是否有效；

（7）检查燃油燃气燃烧器型式试验合格证书是否齐全、有效；

（8）检查有机热载体锅炉的有机热载体型式试验报告是否有效；

（9）检查投用的锅炉是否验收合格，且在规定时间内办理使用证；是否在规定时间内进行能效测试。

1.2.3 锅炉使用单位现场安全监察重点

对于锅炉的使用单位进行现场监察应注意以下几个重点：

（1）所使用的特种设备（锅炉）是否为合格产品，是否办理注册登记手续并具有使用证；

（2）检查使用单位是否设置安全管理机构或配备专兼职管理人员，是否按规定建立安全管理制度和岗位安全责任制度，是否制定事故应急专项预案并

有演练记录；

（3）检查使用单位是否建立锅炉档案，档案是否齐全，保管是否良好，是否按规定进行日常维护并有记录，是否有运行、检修和日常巡检记录；

（4）检查使用单位安全管理人员、作业人员是否按规定具有有效证件；

（5）检查锅炉安全附件及安全保护装置是否有效，是否在检定有效期内；

（6）检查锅炉外部检验和内部检验报告是否合格，是否在有效期内；

（7）检查锅炉水质报告是否合格，是否在有效期内；

（8）检查锅炉能效测试报告是否合格，是否在有效期内。

1.3 锅炉使用安全管理

1.3.1 使用单位及其人员

1. 使用单位含义和一般规定

本规则所指的使用单位，是指具有特种设备使用管理权的单位或者具有完全民事行为能力的自然人，一般是特种设备的产权单位（产权所有人，下同），也可以是产权单位通过符合法律规定的合同关系确立的特种设备实际使用管理者。特种设备属于共有的，共有人可以委托物业服务单位或者其他管理人管理特种设备，受托人是使用单位；共有人未委托的，实际管理人是使用单位；没有实际管理人的，共有人是使用单位。

特种设备用于出租的，出租期间出租单位是使用单位；法律另有规定或者当事人合同约定的，从其规定或者约定。

2. 锅炉使用单位的职责

锅炉使用单位应当对其使用的锅炉安全负责，主要职责如下：

（1）采购经监督检验合格的锅炉产品；

（2）按照锅炉使用说明书的要求运行；

（3）每月对所使用的锅炉至少进行1次检查，并且记录检查情况；月度检查内容主要为锅炉承压部件及其安全附件和仪表、联锁保护装置是否完好，燃烧器运行是否正常，锅炉使用安全与节能管理制度是否有效执行，作业人员证书是否在有效期内，是否按规定进行定期检验，是否对水（介）质定期进行化验分析，水（介）质未达到标准要求时是否及时处理，水封管是否堵塞，以及其他异常情况等；

（4）锅炉使用单位每年应对燃烧器进行检查，检查内容至少包括燃烧器管路是否密封、安全与控制装置是否齐全和完好、安全与控制功能是否缺失或者失效、燃烧器是否正常。

3. 使用单位主要义务

（1）建立并且有效实施特种设备安全管理制度和高耗能特种设备节能管理制度，以及操作规程；

（2）采购、使用取得许可生产（含设计、制造、安装、改造、修理，下同），并且经检验合格的特种设备，不得采购超过设计使用年限的特种设备，禁止使用国家明令淘汰和已经报废的特种设备；

（3）设置特种设备安全管理机构，配备相应的安全管理人员和作业人员，建立人员管理台账，开展安全与节能培训教育，保存人员培训记录；

（4）办理使用登记，领取《特种设备使用登记证》，设备注销时交回使用登记证；

（5）建立特种设备台账及技术档案；

（6）对特种设备作业人员作业情况进行检查，及时纠正违章作业行为；

（7）对在用特种设备进行经常性维护保养和定期自行检查，及时排查和消除事故隐患，对在用特种设备的安全附件、安全保护装置及其附属仪器仪表进行定期校验（检定、校准，下同）、检修，及时提出定期检验和能效测试申请，接受定期检验和能效测试，并做好相关配合工作；

（8）制定特种设备事故应急专项预案，定期进行应急演练；发生事故及时上报，配合事故调查处理等；

（9）保证特种设备安全、节能必要的投入；

（10）法律、法规规定的其他义务。

使用单位应当接受特种设备安全监督管理部门依法实施的监督检查。

1.3.2 特种设备安全管理机构

1. 职责

特种设备安全管理机构是指使用单位中承担特种设备安全管理职责的内设机构。高耗能特种设备使用单位可以将节能管理职责交由特种设备安全管理机构承担。

特种设备安全管理机构的职责是贯彻执行特种设备有关法律、法规和安全技术规范及相关标准，负责落实使用单位的主要义务；承担高耗能特种设备节能管理职责的机构，还应当负责开展日常节能检查，落实节能责任制。

2. 机构设置

使用电站锅炉或者使用锅炉总量（不含气瓶）50台以上（含50台）的使用单位应设置特种设备安全管理机构，逐台落实安全责任人。

3. 安全管理人员

安全管理负责人

电站锅炉的使用单位安全负责人，应当取得相应的特种设备安全管理人员资格证书。

4. 安全管理员

使用额定工作压力大于或者等于2.5MPa锅炉或者使用锅炉总量（不含气瓶）20台以上（含20台）的应当配备专职安全管理员，并取得相应的特种设备安全管理人员资格证书。除此以外的使用单位可以配备兼职安全管理员，也可以委托具有特种设备安全管理人员资格的人员负责使用管理，但是特种设备安全使用的责任主体仍然是使用单位。

5. 节能管理人员

高耗能特种设备使用单位应当配备节能管理人员，负责宣传贯彻特种设备节能的法律法规。

锅炉使用单位的节能管理人员应当组织制定本单位锅炉节能制度，对锅炉节能管理工作实施情况进行检查；建立锅炉节能技术档案，组织开展锅炉节能教育培训；编制锅炉能效测试计划，督促落实锅炉定期能效测试工作。

6. 作业人员配备

特种设备使用单位应当根据本单位特种设备数量、特性等配备相应持证的特种设备作业人员，并且在使用特种设备时应当保证每班至少有一名持证的作业人员在岗。有关安全技术规范对特种设备作业人员有特殊规定的，从其规定。

7. 安全技术档案

使用单位应当逐台建立锅炉安全技术档案并保存至设备报废，安全技术档案至少包括以下内容：

（1）特种设备使用登记证和特种设备使用登记表；

（2）锅炉的出厂技术资料及监督检验证书；

（3）锅炉安装、改造、修理、化学清洗等技术资料及监督检验证书或者报告；

（4）水处理设备的安装调试记录、水（介质）处理定期检验报告和定期自行检查记录；

（5）锅炉定期检验报告；

（6）锅炉日常使用状况记录和定期自行检查记录；

（7）锅炉及其安全附件、安全保护装置、测量调控装置校验报告、试验记录及日常维护保养记录；

（8）锅炉运行故障和事故记录及事故处理报告。

特种设备节能技术档案包括锅炉能效测试报告、高耗能特种设备节能改造技术资料等。

使用单位应当在设备使用地保存上述中（1）、（2）、（5）、（6）、（7）、（8）规定的资料和特种设备节能技术档案的原件或复印件，以便备查。

8. 管理制度和操作规程

管理制度至少包括以下内容：

（1）岗位责任制，包括安全管理人员、班组长、运行作业人员、维修人员、水处理作业人员等职责范围内的任务和要求；

（2）巡回检查制度，明确定时检查的内容、路线和记录的项目；

（3）交接班制度，明确交接班要求、检查内容和交接班手续；

（4）锅炉及其辅助设备的操作规程，包括设备投运前的检查及准备工作、启动和正常运行的操作方法、正常停运和紧急停运的操作方法；

（5）设备维修保养制度，规定锅炉停（备）用防锈蚀内容和要求以及锅炉本体、安全附件、安全保护装置、自动仪表及燃烧和辅助设备的维护保养周期、内容和要求；

（6）水（介）质管理制度，明确水（介）质定时检测的项目和合格标准；

（7）安全管理制度，明确防火、防爆和防止非作业人员随意进入锅炉房要求，保证通道畅通的措施以及事故应急预案和事故处理方法等；

（8）节能管理制度，符合锅炉节能管理和有关安全技术规范的规定。

9. 特种设备操作规程

使用单位应当根据锅炉运行特点等，制定操作规程。操作规程一般包括锅炉运行参数、操作程序和方法、维护保养要求、安全注意事项、巡回检查和异常情况处置规定，以及相应记录等。

10. 安全运行要求

（1）锅炉作业人员在锅炉运行前应做好各种检查，按照规定的程序启动和运行，不得任意提高运行参数，压火后应当保证锅水温度、压力不回升和锅炉不缺水。

（2）当锅炉运行中发生受压元件泄漏、炉膛严重结焦、液态排渣锅炉无法排渣、锅炉尾部烟道严重堵灰、炉墙烧红、受热面金属严重超温、汽水质量严重恶化等情况时，应当停止运行。

（3）蒸汽锅炉（电站锅炉除外）运行中遇有下列情况之一时，应当立即停炉：

1）锅炉水位低于水位表最低可见边缘；

2）不断加大给水并且采取其他措施后，水位仍然继续下降；

3）锅炉满水（贯流式锅炉启动状态除外），水位超过最高可见水位，经过放水后仍然不能见到水位；

4）给水泵失效或者给水系统故障，不能向锅炉给水；

5）水位表、安全阀或者装设在汽空间的压力表全部失效；

6）锅炉元（部）件受损，危及锅炉运行作业人员安全；

7）燃烧设备损坏，炉墙倒塌或者锅炉构架被烧红等，严重威胁锅炉安全运行；

8）其他危及锅炉安全运行的异常情况。

（4）电站锅炉运行中遇到下列情况时，应当停止向炉膛输送燃料：

1）锅炉严重缺水时；

2）锅炉严重满水时；

3）直流锅炉断水时；

4）锅水循环泵发生故障，不能保证锅炉安全运行；

5）水位装置失效无法监视水位；

6）主要汽水管道泄漏或锅炉范围内连接管道爆破；

7）再热器蒸汽中断（制造单位有规定者除外）；

8）炉膛熄火；

9）燃油（气）锅炉油（气）压力严重下降；

10）安全阀全部失效或者锅炉超压；

11）热工仪表失效、控制电（气）源中断，无法监视、调整主要运行参数；

12）严重危及人身和设备安全以及制造单位有特殊规定的其他情况。

1.3.3 维护保养与检查

1. 经常性维护保养

锅炉使用单位应当根据锅炉特点和使用状况对特种设备进行经常性维护保养，维护保养应当符合有关安全技术规范和产品使用维护保养说明的要求。对发现的异常情况及时处理，并且作出记录，保证在用锅炉始终处于正常使用状态。

2. 定期自行检查

为保证锅炉的安全运行，特种设备使用单位应当根据所使用锅炉的类别、品种和特性进行定期自行检查。定期自行检查的时间、内容和要求应当符合有关安全技术规范的规定及产品使用维护保养说明的要求。

3. 水（介）质

锅炉以及水为介质产生蒸汽的压力容器的使用单位，应当做好锅炉水（介）质、压力容器水质的处理和监测工作，保证水（介）质质量符合相关要求。

4. 移装

特种设备移装后，使用单位应当办理使用登记变更。整体移装的，使用单位应当进行自行检查；拆卸后移装的，使用单位应当选择取得相应许可的单位进行安装。按照有关安全技术规范要求，拆卸后移装需要进行检验的，应当向特种设备检验机构申请检验。

1.3.4 使用登记

1. 一般要求

（1）锅炉在投入使用前或者投入使用后 30 日内，使用单位应当向特种设备所在地的直辖市或者设区的市的特种设备安全监督管理部门申请办理使用登记，办理使用登记的直辖市或者设区的市的特种设备安全监督管理部门，可以委托其下一级特种设备安全监督管理部门（以下简称登记机关）办理使用登记。

（2）国家明令淘汰或者已经报废的锅炉，不符合安全性能或者能效指标要求的锅炉，不予办理使用登记。

（3）锅炉与用热设备之间的连接管道总长小于或者等于1000m时，压力管道随锅炉一同办理使用登记；亦即是说：该锅炉及其相连接的管道可由持有锅炉安装许可证的单位一并进行安装，由具备相应资质的安装监检机构一并实施安装监督检验。

2. 登记方式

锅炉应按台向登记机关办理使用登记，D级锅炉不需要办理使用登记。

3. 使用登记程序

使用登记程序，包括申请、受理、审查和颁发使用登记证。

使用单位申请办理特种设备使用登记时，应当逐台填写使用登记表，向登记机关提交以下相应资料，并且对其真实性负责：

1）使用登记表（一式两份）；

2）含有使用单位统一社会信用代码的证明；

3）锅炉产品合格证；

4）特种设备监督检验证明；

5）锅炉能效测试证明。

锅炉房内的分汽（水）缸随锅炉一同办理使用登记；锅炉与用热设备之间的连接管道总长小于或者等于1000m时，压力管道随锅炉一同办理使用登记；登记时另提交分汽（水）缸的产品合格证（含产品数据表），但是不需要单独领取使用登记证。

4. 停用

锅炉拟停用1年以上的，使用单位应当采取有效的保护措施，并且设置停用标志，在停用后30日内填写《特种设备停用报废注销登记表》，告知登记机关。重新启用时，使用单位应当进行自行检查，到使用登记机关办理启用手续；超过定期检验有效期的，应当按照定期检验的有关要求进行检验。

5. 报废

对存在严重事故隐患，无改造、修理价值的锅炉，或者达到安全技术规范规定的报废期限的，应当及时予以报废，产权单位应当采取必要措施消除该锅炉的使用功能。锅炉报废时，按台登记的特种设备应当办理报废手续，填写《特种设备停用报废注销登记表》，向登记机关办理报废手续，并且将使用登记证交回登记机关。

1.4 锅炉安全隐患排查重点

1.4.1 锅炉内部检查常见的问题

（1）烟管的局部腐蚀。

烟管的局部腐蚀

造成烟管局部腐蚀的原因有3点：①锅炉给水未经除氧；②炉水pH值偏低；③炉水氯根偏高。

监察及管理的重点以及建议措施：使用单位要采用正确的水处理方法，加强锅炉水质监测，保证锅炉水质各项指标合格。如果承压部件腐蚀减薄厚度过大，需要更换承压部件应按照《锅炉安全技术规程》（TSG 11—2020）第7章的有关规定进行。

（2）烟管及管板的均匀腐蚀减薄、烟管腐蚀穿孔、停用锅炉氧腐蚀。

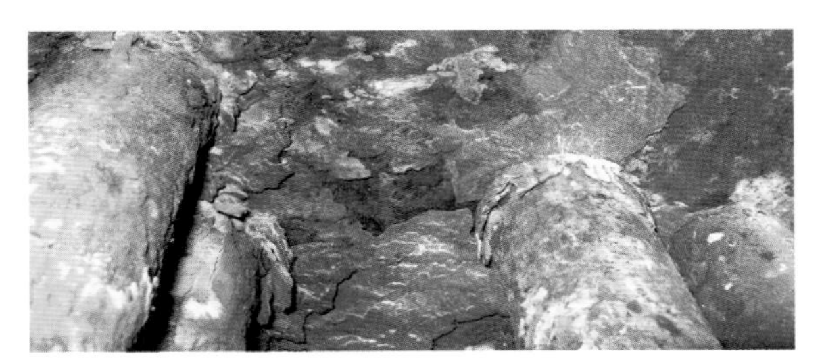

烟管及管板的均匀腐蚀减薄

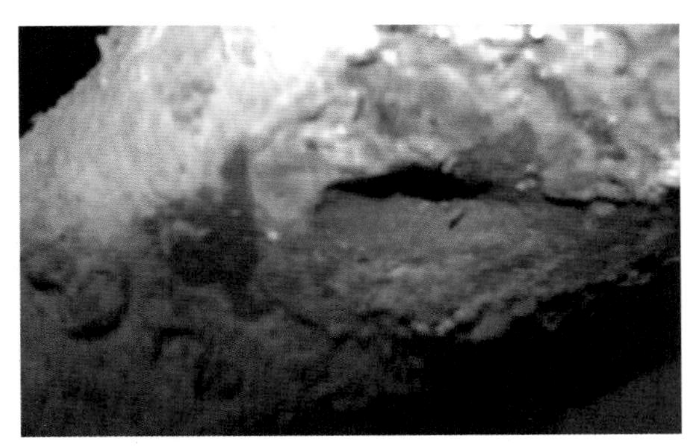

烟管腐蚀穿孔

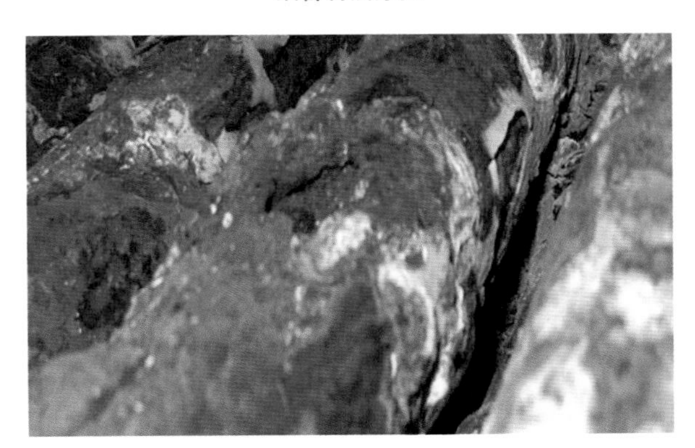

停用锅炉氧腐蚀

造成以上缺陷的原因：停炉保养不当。

监察及管理的重点以及建议措施：加强停炉保养，短时间停炉应采用湿法保养，长时间停炉应采用干法保养。如果承压部件腐蚀减薄厚度过大经强度校核不满足继续使用要求的，应按照《锅炉安全技术规程》（TSG 11—2020）第7章的有关规定进行。

（3）前管板烟管端磨损（两翼烟道锅炉）、水冷壁管磨损泄漏。

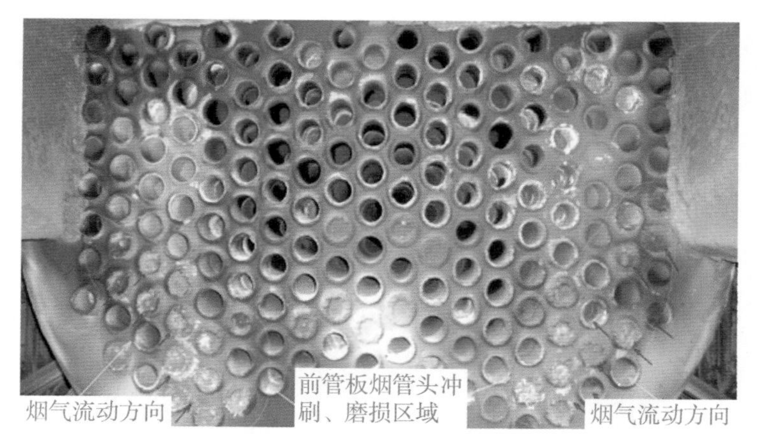

前管板烟管端磨损（两翼烟道锅炉）

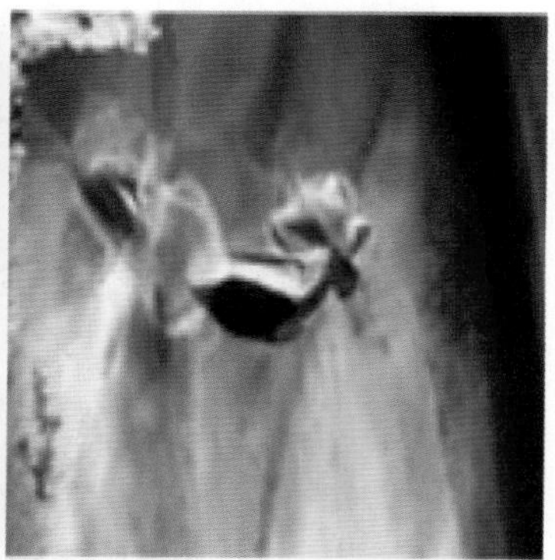

水冷壁管磨损泄漏

造成以上缺陷的原因：炉墙的漏风，烟道的局部堵灰，对流受热面局部严重接渣都会使烟道的局部气流速度过大，使受热面管子局部磨损加剧；煤质差、高负荷运行、循环流化床浇注层损坏时都可能加剧管子的磨损。另外，当吹灰器工作不良时，高压蒸汽会对受热面的管子吹蚀，使管壁减薄。

监察及管理的重点以及建议措施：1）降低锅炉负荷，减少烟气流速；2）燃用优质煤种，降低锅炉烟气中飞灰含量；3）改变管束布置方式，由错列布置改为顺列布置；4）清除烟道结渣及堵灰，增加烟气流通面积；5）减少炉墙漏风；6）加装阻流板或防磨装置等。如果承压部件磨损减薄厚度过大经强度校核不满足继续使用要求的，应按照《锅炉安全技术规程》（TSG 11—2020）第7章的有关规定进行。

（4）水冷壁管长时间过热造成爆管和胀粗、锅筒底部长时间过热造成裂纹。

缺陷处有明显的胀粗和变色

水冷壁管长时间过热造成爆管和胀粗

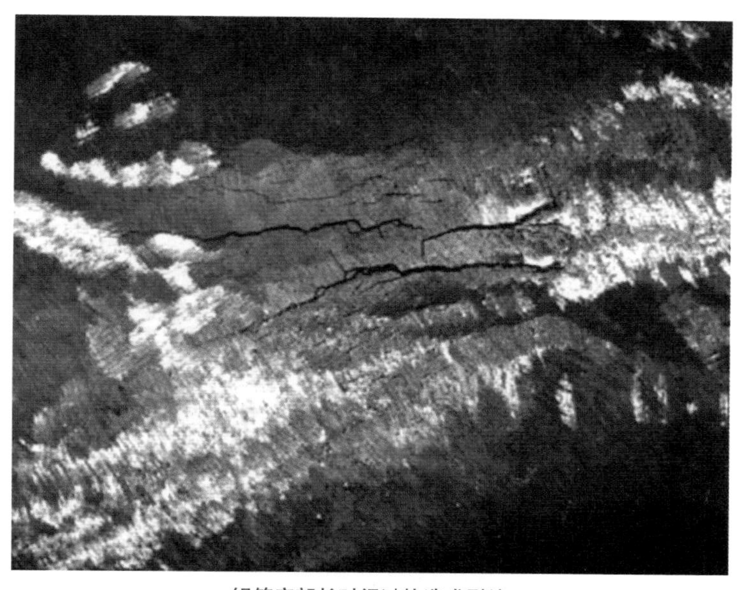

锅筒底部长时间过热造成裂纹

造成以上缺陷的原因：锅炉长期在钢材的过热温度以上（碳钢约在450℃）工作产生的蠕变、裂纹直至破裂。

监察及管理的重点以及建议措施：定期测定高温区受热面管子外径，监视蠕变速度，若管子外径明显增粗，说明已到加速期，应予处理。如果承压部件变形量过大，使用单位应当采用安全评定或者论证等方式确定缺陷的处理方式；如果需要进行改造或者重大修理，就应按照《锅炉安全技术规程》（TSG 11—2020）第7章的有关规定进行。

（5）短时过热爆管、严重缺水锅炉炉胆变形。

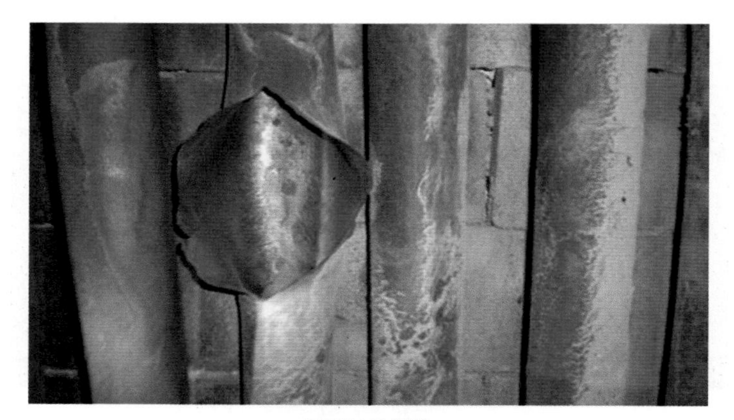

短时过热爆管

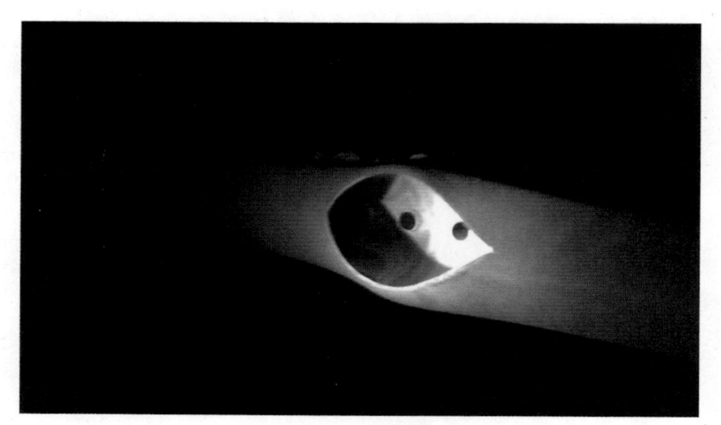

短时过热爆管

严重缺水锅炉炉胆变形情况

造成以上缺陷的原因：锅炉受热面由于水循环故障、水垢堆积等原因，冷却条件差，壁温急剧上升，材料强度下降，管子严重变形后破裂，具有韧性断裂的特征。

监察及管理的重点以及建议措施：使用单位要采用正确的水处理方法，加强锅炉水质监测，保证锅炉水质合格。停炉发现有水垢等异常现象应及时处理，保证锅炉水循环畅通。如果承压部件发生破损需要更换承压部件的，应按照《锅炉安全技术规程》（TSG 11—2020）第7章的有关规定进行。

（6）锅壳底部鼓包。

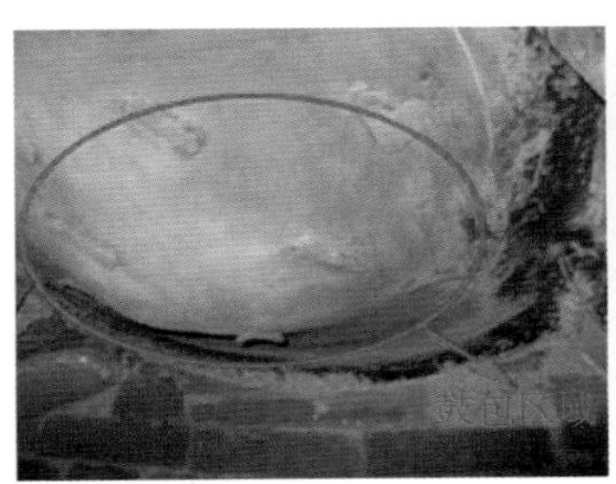

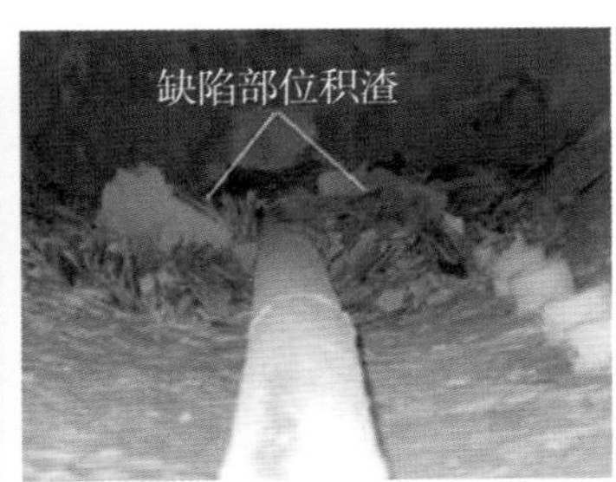

锅壳底部鼓包

造成以上缺陷的原因：锅筒底部在炉膛的高温区，如果水质不好，水处理不当或加药排污不时，水垢、水渣堆积于此，使传热严重阻碍，金属壁温迅速上升，强度下降，在内压的作用下，锅壳向外鼓包，严重时发生爆炸。

监察及管理的重点以及建议措施：1）使用单位要采用正确的水处理方法，加强锅炉水质监测，保证锅炉水质合格。停炉发现有水垢等异常现象应及时处理。如果承压部件变形量过大，使用单位应当采用安全评定或者论证等方式确定缺陷的处理方式；如果需要进行改造或者重大修理，就应按照《锅炉安全技术规程》（TSG 11—2020）第7章的有关规定进行。

（7）烟管端裂纹、管板烟侧裂纹。

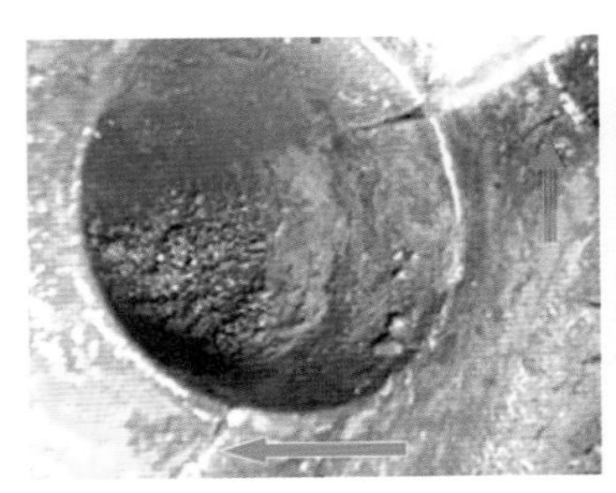

烟管端裂纹

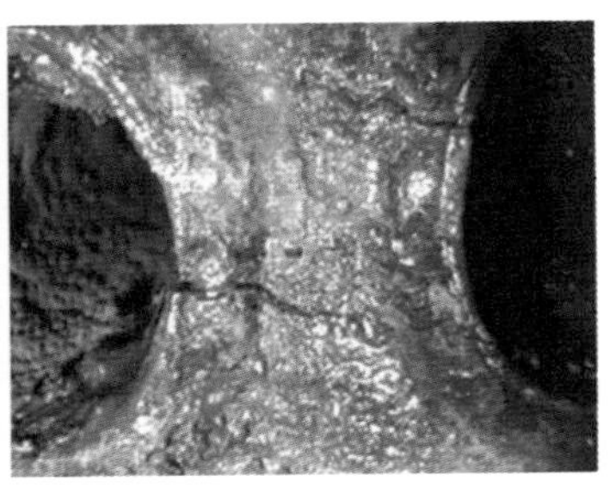

管板烟侧裂纹

造成以上缺陷的原因：1）管板处积结较厚的水垢，造成传热不好产生裂纹；2）烟管与管板焊接连接时管端伸出长度过长，管端过热而产生裂纹，裂纹可扩展到管板上；3）当管板上的角板拉撑焊缝裂开，弓形平板得不到拉撑的加强，在锅炉工作压力不断变化的情况下，管板靠近扳边圆弧根部会出现疲劳裂纹。

监察及管理的重点以及建议措施：1）使用单位要采用正确的水处理方法，加强锅炉水质监测，保证锅炉水质合格。停炉发现有水垢等异常现象应及时处理；2）消除制造出厂时的不合理缺陷。如果承压部件产生裂纹时，使用单位应当采用安全评定或者论证等方式确定缺陷的处理方式；如果需要进行改造或者重大修理，就应按照《锅炉安全技术规程》（TSG 11—2020）第7章的有关规定进行。

（8）水冷壁管弯曲变形、过热器变形。

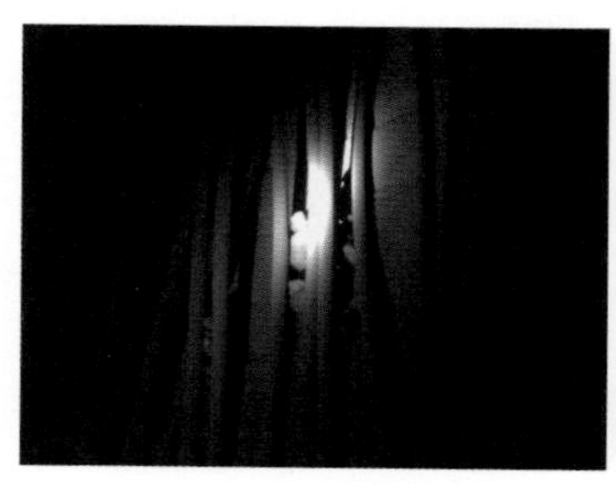

水冷壁管弯曲变形

过热器变形

造成以上缺陷的原因：锅炉受热面的管子在受热膨胀时受阻或受热不均时造成受热面管子的弯曲变形。

监察及管理的重点以及建议措施：消除管子膨胀受阻因素；调整好燃烧，减少热偏差，降低受热面管壁温度最高的区域管子的壁温；修复或增加受热面管子的固定装置等。如果承压部件变形量过大，使用单位应当采用安全评定或者论证等方式确定缺陷的处理方式；如果需要进行改造或者重大修理，就应按照《锅炉安全技术规程》（TSG 11—2020）第7章的有关规定进行。

1.4.2 锅炉使用中常见的问题

（1）由于使用单位管理不善和对特种设备认识不够导致特种设备出厂资料遗失。

锅炉产品质量证明书

监察及管理的重点以及建议措施：使用单位应当建立特种设备资料档案，安排专人进行管理。

（2）操作人员未按照相关法规持证上岗。

作业人员证件

特种设备作业人员资格认定分类与项目

序号	种类	作业项目	项目代号
1	特种设备安全管理	特种设备安全管理	A
2	锅炉作业	工业锅炉司炉	G1
		电站锅炉司炉	G2
		锅炉水处理	G3
3	压力容器作业	快开门式压力容器操作	R1
		移动式压力容器充装	R2
		氧舱维护保养	R3
4	气瓶作业	气瓶充装	P
5	电梯作业	电梯修理	T
6	起重机作业	起重机指挥	Q1
		起重机司机	Q2
7	客运索道作业	客运索道修理	S1
		客运索道司机	S2
8	大型游乐设施作业	大型游乐设施修理	Y1
		大型游乐设施操作	Y2
9	场（厂）内专用机动车辆作业	叉车司机	N1
		观光车和观光列车司机	N2
10	安全附件维修作业	安全阀校验	F
11	特种设备焊接作业	金属焊接操作	[illegible]
		非金属焊接操作	

注：按照特种设备焊接作业人员相关安全技术规范的规定执行。

作业人员证件分类

监察及管理的重点以及建议措施：使用单位应当根据设备使用情况安排相关人员参加特种设备作业人员考试取证，做到持证上岗。

（3）安全阀选型不正确，安全阀到期未校验或者校验压力不正确，安全阀不能起跳。

安全阀

监察及管理的重点以及建议措施：①按照《锅炉安全技术规程》（TSG 11—2020）5.1安全阀条款中的相关要求配置安装锅炉安全阀；②在安全阀校验有效期之前将安全阀送校且安全阀整定压力应符合《锅炉安全技术规程》（TSG 11—2020）5.1.8安全阀整定压力条款中的相关要求。③使用单位应安排司炉工定期对安全阀进行排放试验。

（4）压力表到期未校验，压力表量程不符合要求。

压力表

监察及管理的重点以及建议措施：①压力表应在校验有效期之前送检；②压力表的最大量程应选用锅炉额定压力的1.5~3倍，最好为2倍。

（5）蒸汽超压报警和联锁保护装置（电控压力表）失效。

电控压力表

监察及管理的重点以及建议措施：使用单位应安排司炉工定期对超压报警和联锁保护装置进行功能性试验。

（6）高、低水位报警、低水位联锁保护装置失效。

高、低水位报警，低水位联锁保护装置

监察及管理的重点以及建议措施：使用单位应安排司炉工定期对高、低水位报警、低水位联锁保护装置进行功能性试验。

（7）压力表表盘模糊不清。

压力表表盘模糊不清

监察及管理的重点以及建议措施：使用单位应安排司炉工定期擦拭压力表，保持清晰可见。

（8）锅炉外保温破损、变形；炉墙开裂、破损、漏烟。

锅炉外保温破损、变形，炉墙开裂、破损、漏烟

监察及管理的重点以及建议措施：①保持正常的鼓、引风配比呈微负压运行；②及时修复破损、变形的外保温和炉墙。

（9）给水管道止回阀失效倒汽。

给水管道止回阀失效倒汽

监察及管理的重点以及建议措施：使用单位应定期对给水管道进行检查，防止给水管道止回阀倒汽从而导致不能正常给锅炉供水。

第2章　压力容器

2.1　压力容器基础知识

压力容器的定义：压力容器是指盛装气体或者液体，承载一定压力的密闭设备，其范围规定为最高工作压力大于或者等于0.1MPa（表压）的气体、液化气体和最高工作温度高于或者等于标准沸点的液体、容积大于或者等于30L且内直径（非圆形截面指截面内边界最大几何尺寸）大于或者等于150mm的固定式容器和移动式容器；盛装公称工作压力大于或者等于0.2MPa（表压），且压力与容积的乘积大于或者等于1.0MPa·L的气体、液化气体和标准沸点等于或者低于60℃液体的气瓶、氧舱。（摘自《特种设备目录》）

2.1.1 压力容器分类

压力容器分为：固定式压力容器、移动式压力容器、气瓶、氧舱。

固定式压力容器品种划分为：超高压容器、第三类压力容器、第二类压力容器、第一类压力容器[划分标准见《固定式压力容器安全技术监察规程》（TSG 21—2016）]。

液氨储槽（第三类压力容器）

氧气球形储罐（第三类压力容器）

蒸压釜（第一类压力容器）

低温液氧储槽（第三类压力容器）

移动式压力容器包括：长管拖车、汽车罐车、罐式集装箱、管束式集装箱、铁路罐车[划分标准见《移动式压力容器安全技术监察规程》（TSG R0005—2011）]。

长管拖车

汽车罐车

罐式集装箱

铁路罐车

气瓶包括：无缝气瓶、焊接气瓶、特种气瓶（内装填料气瓶、纤维缠绕气瓶、低温绝热气瓶）[划分标准见《气瓶安全技术监察规程》TSG R0006—2014）]。

无缝气瓶

焊接气瓶

特种气瓶（纤维缠绕气瓶）

特种气瓶（低温绝热气瓶）

氧舱包括：医用氧舱、高气压舱[划分标准见《氧舱安全技术监察规程》（TSG 24—2015）]。

医用氧舱（成人舱）

医用氧舱（婴儿舱）

几种典型的压力容器如下：

（1）液化石油气储罐

球形液化石油气储罐的主体是球壳，它是储存物料和承受物料工作压力和液柱静压力的构件，由许多按一定尺寸预先压成的球面板装配组焊而成。球罐支座是球罐中用以支撑本体重量和储存物料重量的结构部件，可分为柱式支座和球式支座两大类。用的最普遍的是赤道正切柱式支座。球罐的结构并不复杂，但球罐的制造和安装较其他形式的储罐困难。而且，由于球罐大多数是压力容器或低温容器，它盛装的物料又大部分是易燃、易爆物，且装载量大，一旦发生事故，后果不堪设想。因此，球罐的设计和使用要保证安全可靠。球罐结构的合理设计必须考虑各种因素，如装载物料的性质、设计温度和压力、材质、制造技术水平和设备安装方法、焊接与检验要求、操作方便和可靠、自然环境的影响等。要做到满足各项工艺要求，有足够的强度和稳定性，且结构尽可能简单，使其压制成型、安装组对、焊接和检验、操作、监测和检修容易实测。

（2）低温储罐

低温储罐又称液氮罐、液氧储罐，是立式或卧式双层真空绝热储槽，内胆选用材料为奥氏体不锈钢，外容器材料根据用户地区不同，按国家规定选用为Q235-B或Q345R，内、外容器夹层充填绝热材料珠光砂并抽真空。产品需经监督检验机构检验并出具压力容器监检证书，产品规格有5~100m^3，工作压力0.8/1.6MPa。氮气是氮肥工业的主要原料。氮气在冶金工业中主要是用作保护气，如轧钢、镀锌、镀铬、热处理、连续铸造等都要用它作保护气。此外，向高炉中喷吹氮气，可以改进铁的质量。液氮罐广泛应用于电子工业、化学工业、石油工业和玻璃工业；液氧储罐一般用于各大医院医用氧气的存储，具有储量大、占地小的特点。

（3）蒸压釜

蒸压釜又称蒸养釜、压蒸釜，是一种体积庞大、重量较重的大型压力容器。蒸压釜用途十分广泛，大量应用于加气混凝土砌块、混凝土管桩、灰砂砖、煤灰砖、微孔硅酸钙板、新型轻质墙体材料、保温石棉板、高强度石膏等建筑材料的蒸压养护，在釜内完成$CaO-SiO_2-H_2O$的水热反应。同时还广泛适用于橡胶制品、木材干燥和防腐处理、重金属冶炼、耐火砖侵油渗煤、复合玻璃蒸养、化纤产品高压处理、食品罐头高温高压处理、纸浆蒸煮、电缆硫化、渔网定型以及化工、医药、航空航天工业、保温材料、纺工、军工等需压力蒸养生产工艺过程的生产项目。

（4）医用氧舱

医用氧舱是各种缺氧症的治疗设备，舱体是一个密闭圆筒，通过管道及控制系统把纯氧或净化压缩空气输入。舱外医生通过观察窗和对讲器可与患者联系，大型氧舱有10~20个座位。随着高压氧医学在我国的迅速发展，医用氧舱作为高压氧治疗必不可少的设备也得到了长足的发展。目前，我国氧舱已达6000余台，数量已超过中国以外其他各国氧舱数量之总和。由于医用氧舱是一种特殊的载人压力容器，其使用直接关乎患者的生命安全，对它的监督检验和定期检验也就显得尤为重要。同时，氧舱的检验工作，与一般承压类特种设备的检验也有很大的不同，除了要进行一般意义上设备的检验外，还要进行非金属材料、装饰材料、电气、消防、管道、通信、监控、应急电源、气源设备等多方面的综合检验和判断。

2.1.2 压力容器定期检验的重要性

由于压力容器的安全运行受介质成分、压力等多个条件的影响，定期检验是保障其安全使用的必要措施，压力容器检验分类：定期/全面检验（仅授权检验机构开展）、年度检查（授权检验机构或有条件的使用单位均可开展）。

2.1.2.1 定期/全面检验一般性要求

1. 检验流程

报检—检验前准备（清洗置换、清理打磨、安全防护、方案制定）—检验实施（外观、结构、几何尺寸、保温层和衬里、测厚、表面缺陷、埋藏缺陷、材质、紧固件、强度、安全附件、气密性、其他项目）—缺陷、问题处理—检验结果汇总、出具检验报告。

检验过程中如果发现存在特种设备安全重大问题情况应当及时填写重大问题报告单交于使用登记机构，使用登记机构接收到检验机构上报的重大问题报告单后，应按相关流程对使用单位采取处置措施。

2. 资质要求

检验机构应当按照核准的检验范围从事压力容器的定期检验工作，检验和检测人员（以下简称检验人员）应当取得相应的特种设备检验检测人员证书。检验机构应当对压力容器定期检验报告的真实性、准确性、有效性负责。

3. 报检要求

使用单位应当在压力容器定期检验有效期届满的1个月以前向检验机构申报定期检验，检验机构接到定期检验申报后，应当在定期检验有效期届满前安排检验。

4. 检验周期

（1）固定式压力容器检验周期

1）固定式金属压力容器一般于投用后3年内进行首次定期检验。以后的检验周期由检验机构根据压力容器的安全状况等级，按照以下要求确定：

①安全状况等级为1级、2级的，一般每6年检验一次；

②安全状况等级为3级的，一般每3~6年检验一次；

③安全状况等级为4级的，监控使用，其检验周期由检验机构确定；

④累计监控使用时间不得超过3年，在监控使用期间，使用单位应当采取有效的监控措施；

⑤安全状况等级为5级的，应对缺陷进行处理，否则不得继续使用。

2）非金属压力容器一般于投用后1年内进行首次定期检验。以后的检验周期由检验机构根据压力容器的安全状况等级，按照以下要求确定：

①安全状况等级为1级的，一般每3年检验一次；

②安全状况等级为2级的，一般每2年检验一次；

③安全状况等级为3级的，应当监控使用，累计监控使用时间不得超过1年；

④安全状况等级为4级的，不得继续在当前介质下使用；如果用于其他适合的腐蚀性介质时，应当监控使用，其检验周期由检验机构确定，但是累计监控使用时间不得超过1年；

⑤安全状况等级为5级的，应当对缺陷进行处理，否则不得继续使用。

（2）移动式压力容器检验周期

首次全面检验应当于投用后1年内进行，下次全面检验周期由检验机构根据移动式压力容器的安全状况等级依据《移动式压力容器安全技术监察规程》（TSG R0005—2011）进行确定。

1）气瓶检验周期　各类气瓶依据《气瓶安全技术监察规程》（TSG R0006—2014）检验周期要求确定。

①盛装氮、六氟化硫、惰性气体及纯度≥99.999%的无腐蚀性高纯气体的气瓶，每5年检验一次；

②盛装对瓶体材料能产生腐蚀作用的气体的气瓶、潜水气瓶以及常与海水接触的气瓶，每2年检验一次；

③盛装其他气体的气瓶，每3年检验一次；

④溶解乙炔气瓶、呼吸器用复合气瓶，每3年检验一次；

⑤车用液化石油气钢瓶、车用液化二甲醚钢瓶，每5年检验一次；

⑥液化石油气钢瓶、液化二甲醚钢瓶，每4年检验一次；

⑦车用纤维缠绕气瓶，按照《汽车用压缩天然气金属内胆纤维缠绕气瓶定期检验与评定》（GB 24162）的规定；

⑧车用压缩天然气钢瓶，按照《汽车用压缩天然气金属内胆纤维缠绕气瓶定期检验与评定》（GB 19533）的规定；

⑨焊接绝热气瓶（含车用焊接绝热气瓶），每3年检验一次。

2）氧舱检验周期　定期检验每3年至少进行一次，并且符合以下要求：

①新建氧舱（含氧舱改造移装）在投入使用后1年内进行首次检验；

②经过第3个检验周期后（第1次首次定期检验后，又进行了第2次定期检验），电气系统如果未进行改造的，定期检验周期改为1年1次，电气系统如果

进行改造的，仍按照投入使用后1年进行首次定期检验，然后每3年至少进行一次定期检验，经过第3个定期检验周期后，定期检验周期改为1年1次；

③氧舱停用后重新启用的，按照定期检验项目进行检验，定期检验周期自本次检验周期开始计算；

④在定期检验中对影响安全的重大因素有怀疑以及使用单位未按照《氧舱安全技术监察规程》（TSG 24—2015）进行年度检查的，应当适当缩短定期检验周期。

氧舱年度检查和定期检验同一年进行时，应当先进行年度检查，然后再进行定期检验。

2.1.2.2 年度检查一般性要求

（1）年度检查工作可以由压力容器使用单位安全管理人员组织经过专业培训的作业人员进行，也可委托检验机构开展年度检查工作。

（2）依据《固定式压力容器安全技术监察规程》（TSG 21—2016）定期自行检查分为月度检查和年度检查，使用单位应当每年至少进行一次年度检查，年度检查包括安全管理、容器本体和安全附件等，定期安全管理检查内容主要为：

1）压力容器的安全管理制度是否齐全有效；

2）规定的设计文件、竣工图样、产品合格证、产品质量证明文件、监检证书以及安装、改造、修理资料等是否完整；

3）使用登记表、使用登记证是否与实际相符；

4）压力容器日常维护保养、运行记录、定期安全检查记录是否符合要求；

5）压力容器年度检查、定期检验报告是否齐全，检验、检查报告中所提出的问题是否得到解决；

6）安全附件校验、修理和更换记录是否齐全真实；

7）移动式压力容器装卸记录是否齐全；

8）是否有压力容器应急预案和演练记录；

9）是否对压力容器事故、故障情况进行记录。

（3）移动式压力容器中的铁路罐车和汽车罐车等按照《压力容器定期检验规则》（TSG R7001—2013）和《移动式压力容器安全技术监察规程》（TSG R0005—2011）的要求进行年度检验，可以不单独进行年度检查。

（4）年度检查工作完成后，检查人员根据实际检查情况出具检查报告，作出以下结论：

1）符合要求，指未发现或者只有轻度不影响安全使用的缺陷，可以在允许的参数范围内使用；

2）基本符合要求，指发现一般缺陷，经过使用单位采取措施后能保证安全运行，可以有条件地监控使用，结论中应当注明监控运行需解决的问题及其完成期限；

3）不符合要求，指发现严重缺陷，不能保证压力容器安全运行的情况，不允许继续使用，应当停止运行或者由检验机构进行进一步检验。

（5）年度检查由使用单位自行实施时，其年度检查报告应当由使用单位安全管理负责人或者授权的安全管理人员审批。

2.1.3 压力容器常见安全隐患与技术常识

1. 安全阀到期未校验或者校验压力不正确、爆破片未定期更换、紧急切断阀不能有效及时进行切断工作

安全阀属于安全附件的一种，其工作原理是启闭件受外力作用下处于常闭状态，当容器内的介质压力升高超过规定值时，通过向容器外排放介质来防止容器内介质压力超过规定数值的特殊阀门。安全阀属于自动阀类，控制压力不超过规定值，对人身安全和设备运行起重要保护作用，安全阀必须经过校验才能使用。安全阀的整定压力一般不大于该压力容器的设计压力。设计图样或者铭牌上标注有最高允许工作压力的，也可以采用最高允许工作压力确定安全阀的整定压力。

爆破片属于安全附件的一种，其工作原理是由爆破片（或爆破片组件）和夹持器（或支承圈）等零部件组成的非重闭时压力泄放装置。在设定的爆破压力差下，爆破片两侧压力差达到预设定值时，爆破片即刻动作（破裂或脱落），并泄放流体介质。爆破片为一次性使用产品，爆破后应当进行更换，长期使用未爆破的情况下应当按照说明书要求定期更换（一般为2~3年），确保爆破压力的稳定性。

紧急切断阀装置是液化气罐车、火车罐车、球罐、储罐等运输及储存设备中的重要设施，在阀门的油压管路或手拉装置上装有低熔点物质阀的塞子，

在液化气体装卸时，如出现意外事故，紧急切断装置能够保护设备安全、操作人员安全和周围环境安全，防止重大事故的发生。

安全阀

爆破片

紧急切断阀

安全阀校验周期一般每年校验一次，安全阀选型一般采用以下原则：

（1）根据计算确定安全阀“公称通径”必须使安全阀的排放能力≥压力容器的安全泄放量。

（2）根据压力容器的设计压力和设计温度确定安全阀的压力等级。

（3）对空气、60℃以上热水或蒸汽等非危害介质，则应采用带扳手安全阀。

（4）水等液体不可压缩介质一般用封闭微启式安全阀。

（5）高压给水一般用封闭全启式安全阀，如高压给水加热器、换热器等。

（6）气体等可压缩性介质一般用封闭全启式安全阀，如储气罐、气体管道等。

（7）大口径、大排量及高压系统一般用脉冲式安全阀，如电站锅炉等。

（8）对于易燃、毒性为极度或高度危害介质必须采用封闭式安全阀，如需采用带有提升机构的，则应采用封闭式带扳手安全阀。

（9）当安全阀有可能承受背压是变动的且变动量超过10%开启压力或者有毒易燃的容器或管路系统，应选用带波纹管的安全阀。

（10）负压或操作过程中可能会产生负压的系统一般用真空负压安全阀。

（11）介质凝固点较低的系统一般选用保温夹套式安全阀。

（12）运送液化气的火车槽车、汽车槽车、储罐等应采用内置式安全阀。

（13）油罐顶部一般用液压安全阀，需与呼吸阀配合使用。

（14）井下排水或天然气管道一般用先导式安全阀。

（15）液化石油气站罐泵出口的液相回流管道上一般用安全回流阀。

（16）根据介质特性选用合适的安全阀材料。如含氨介质不能选用铜或含铜的安全阀；乙炔不能选用含铜70%或紫铜制的安全阀。

（17）对于泄放量大的工况，应选用全启式；对于工作压力稳定， 泄放量小的工况，宜选用微启式；对于高压、泄放量大的工况， 宜选用非直接启动式，如脉冲式安全阀；对于容器长度超过6m的应设置两个或两个以上安全阀。

（18）对于介质较稠且易堵塞的， 宜选用安全阀与爆破片的串联组合式的泄放装置。

2. 压力表、温度计等仪表损坏未进行更换保养或正确安装

压力表通过表内的敏感元件（波登管、膜盒、波纹管）的弹性形变，再由表内机芯的转换机构将压力形变传导至指针，引起指针转动来显示压力。依据《实施强制管理的计量器具目录》的管理要求，用于安全防护的压力表需要接受强制检定，弹簧管式精密压力表及真空表检定周期为1年，弹簧管式一般压力表及真空表检定周期为半年，弹簧管式超高压压力表检定周期为半年。

压力表、温度计作为设备工作状况的重要指示仪表，能够实时反映设备运行状况，如果未正确安装导致指示错误则可能造成操作人员作业时的误判，引发安全事故。压力表作为依靠弹性元件工作原理的设备，不正确安装可能导致受重力影响造成指示失真。

压力表安装方向错误

压力表校验标签

压力表选型一般遵循以下原则：

（1）选用的压力表，应当与压力容器内的介质相适应。

（2）设计压力小于1.6MPa压力容器使用的压力表的精度不得低于2.5级，设计压力大于或者等于1.6MPa的精度不得低于1.6级。

（3）压力表盘刻度极限值应当为工作压力的1.5~3.0倍，最好是2倍。

3. 快开门式压力容器安全联锁装置失效

快开门式压力容器由于需要频繁开门和关门，比非快开门式压力容器更具有危险性，为了避免由于容器内存在压力而进行误操作，快开门式压力容器应当设置安全联锁装置，通过对容器内部压力监测，联锁开门限制机构确定是否能够开门，进一步确保作业人员与设备的安全。快开门式压力容器安全联锁装置应定期进行安全联锁试验：

（1）当快开门达到预定关闭部位方能升压运行的联锁控制功能；

（2）当压力容器的内部压力完全释放，安全联锁装置脱开后，方能打开快开门的联动功能；

（3）具有压力容器“有压”“零压”指示及“超压”声光报警提醒操作人员采取相应措施的功能。

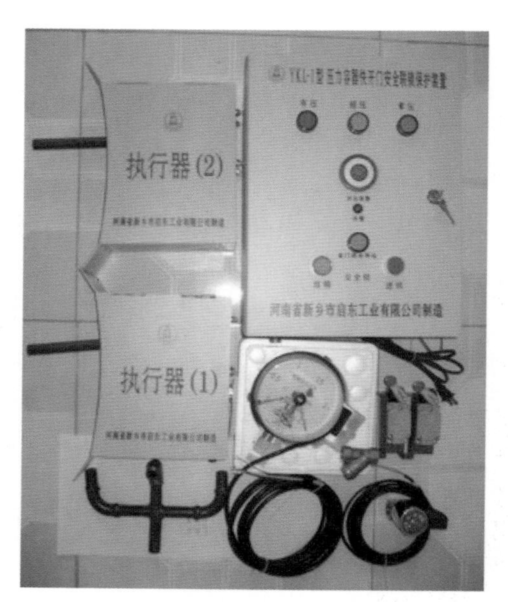

蒸压釜安全联锁成套装置

4. 容器铭牌遗失导致增加设备监管的难度

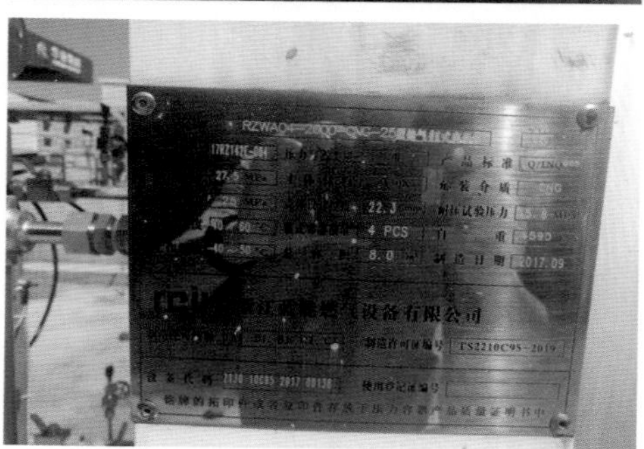

压力容器铭牌（出厂编号为唯一性标识）

铭牌作为压力容器身份的辨识，应当重点维护。

5. 低温容器真空度超标

抽真空现场

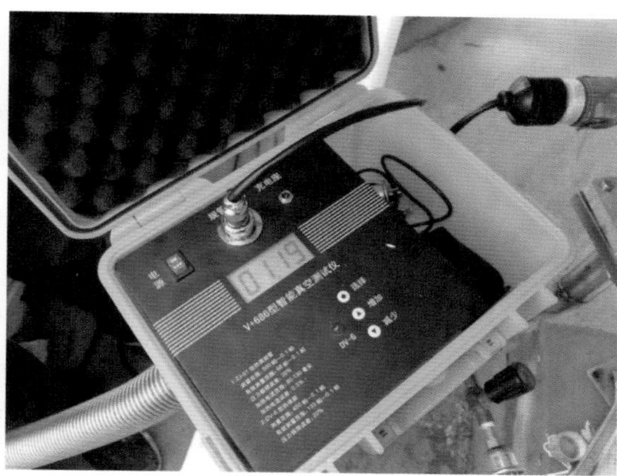

真空测试现场

低温容器的工作原理是依靠容器壁的绝热来实现的，而采用真空绝热的低温容器，其真空度决定了其保冷效果，如果出现真空度超标，则容器内液体介质将会升温，升温导致部分液体向气体转化造成体积膨胀，容器内筒压力升高，安全阀、爆破片在设定压力下会进行紧急泄放，倘若升压速度超过泄压速度则会对容器安全造成威胁，因此，真空度直接影响到容器的安全运行。固定式真空绝热压力容器，真空度及日蒸发率测量结果在下表范围内，不影响定级；大于下表但不超出其2倍，可以定3级或4级；否则定4级或5级。

真空度及日蒸发率测量

绝热方式	真空度		日蒸发率测量
	测量状态	数值（Pa）	
粉末绝热	未装介质	≤65	实测日蒸发率数值小于2倍额定日蒸发率指标
	装有介质	≤10	
多层绝热	未装介质	≤20	
	装有介质	≤0.2	

6. 容器的装卸软管未定期进行压力试验

对于有充装要求的使用单位，装卸软管由于装卸过程中频繁的承压和泄压，易导致管道疲劳，定期对装卸软管进行压力试验可以有效验证软管的安全性，确保装卸过程安全。装卸软管必须每半年进行一次水压试验，试验压力为1.5倍的公称压力，试验结果要有记录和试验人的签字。

装卸软管

7. 易燃易爆设备接地电阻值、跨接电阻值超标

对于易燃易爆储罐系统，由于介质在装卸过程中与设备系统产生摩擦可能会积累静电，倘若静电不能够有效实现转移将对该类储罐系统的安全性造成极大威胁，因此接地效果、容器与管道之间法兰的跨接电阻直接影响设备的导静电能力，因此法兰跨接对易燃易爆储罐系统的安全性具有十分重要的作用。依据石油化工装置防雷设计规范，压力容器接地电阻不大于10Ω。

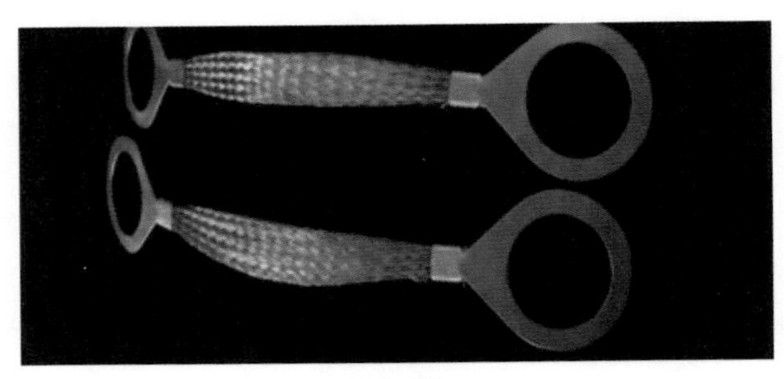

法兰跨接

8. 罐体内外表面腐蚀，经强度校核不符合使用要求

腐蚀根据腐蚀部位一般分为内部腐蚀和外部腐蚀，内部腐蚀由于容器内介质本身具有腐蚀性，与罐体发生腐蚀作用，因此对于容器材质应当根据使用单位的要求进行合理选择，同时使用单位日常管理中应禁止改变容器的原设计条件使用压力容器（如改变介质压力、种类）；外部腐蚀一般以大气腐蚀为主，有保温层设备应当注意保温层是否破损造成保温层内部积水形成腐蚀环

境，加速设备的腐蚀，设备外表面应当定期进行除锈并采用相应的防腐技术（如油漆等）。

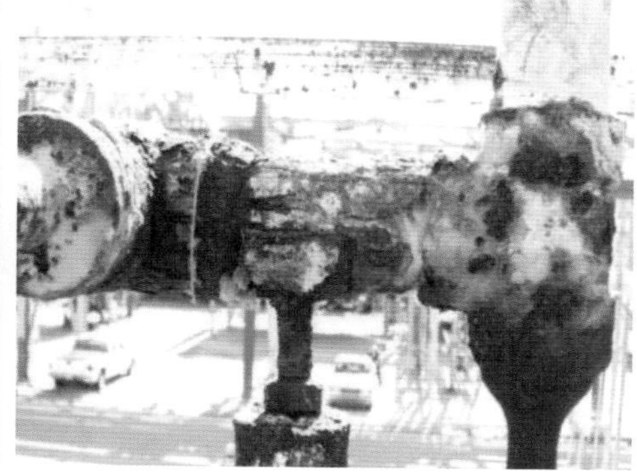

腐蚀

9. 罐体焊缝处存在表面缺陷或者埋藏缺陷

焊缝作为容器加工成型的重要部位，同样也是容器本体上可能出现缺陷的重点关注部位，现阶段采用的焊缝质量检测技术一般有RT（射线检测）、UT（超声检测）、MT（磁粉检测）、PT（渗透检测）等，RT和UT能够对罐体焊缝内部埋藏缺陷进行探伤检测，MT和PT能够对罐体焊缝外表面或近表面缺陷进行探伤检测。

焊缝余高过大

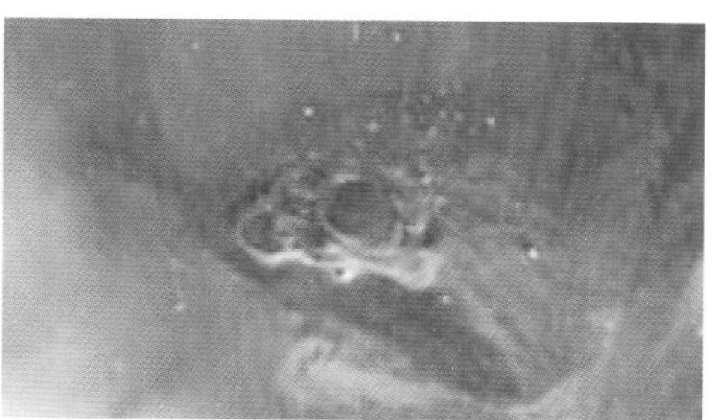

罐体表面焊迹

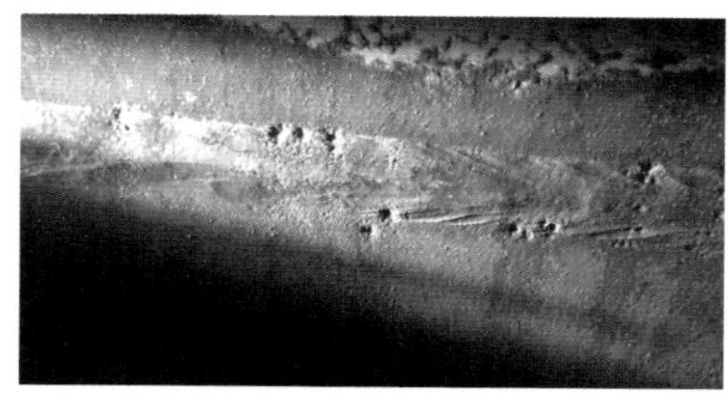

表面气孔

10. 罐体存在材质劣化倾向

罐体母材作为容器组成的基体，材质劣化是服役环境作用下，材料微观组织或力学性能发生了明显退化。材质劣化会导致多项性能指标降低，使容器处于高风险状态，一般可以通过金相分析、硬度检测等方式发现。

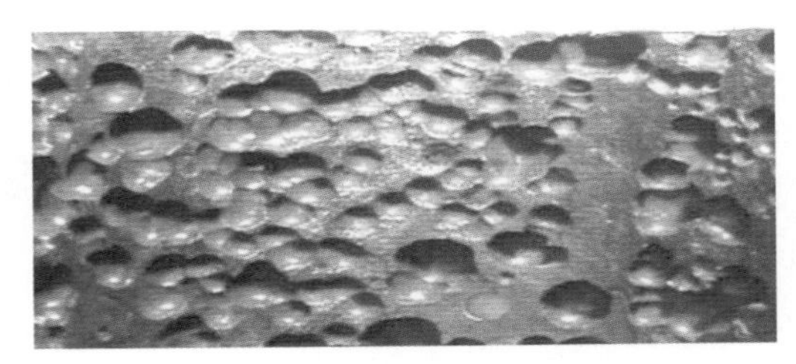

金属粉化

11. 设备异动未办理相关手续

由于使用单位缺少对特种设备知识的认知，在特种设备安装、使用等情形下未按照相关要求办理相关手续，如未办理使用登记证、未定期进行检验和年度检查，由此导致设备监管空白。

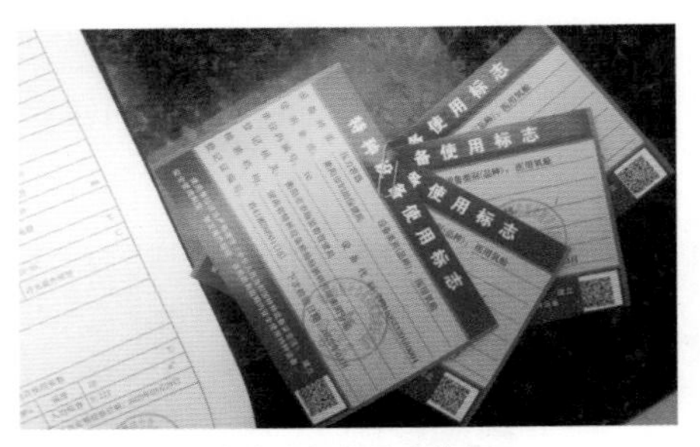

特种设备使用合格证

12. 特种设备资料遗失

特种设备使用单位应当逐台建立压力容器技术档案，在使用地保存。技术档案至少包括以下内容：

（1）使用登记证；

（2）特种设备使用登记表；

（3）设计、制造技术文件和资料，监检证书；

（4） 安装、改造和维修的方案、图样、材料质量证明书和施工质量证明文件等技术资料，监检报告；

（5）定期自行检查记录（年度检查）、定期检验报告；

（6）日常使用状况记录；

（7）维护保养记录；

（8）安全附件校验、检修和更换记录、报告；

（9）有关运行故障、事故记录和处理报告。

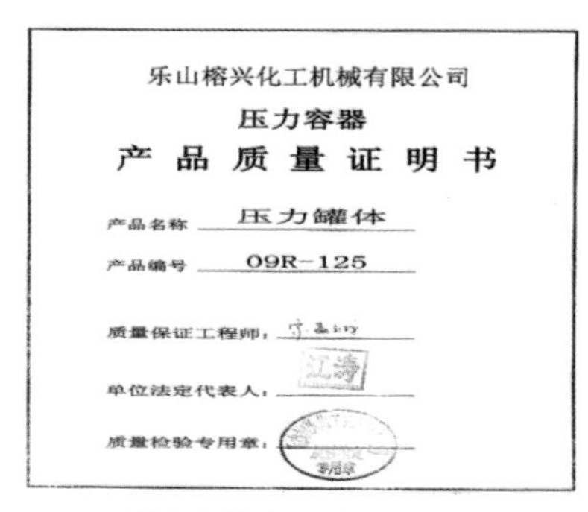

乐山榕兴化工机械有限公司

压力容器

产 品 质 量 证 明 书

产品名称 压力罐体

产品编号 09R-125

质量保证工程师：

单位法定代表人：

质量检验专用章：

压力容器产品质量证明书

13. 操作人员未按照相关法规持证上岗

压力容器使用单位作业人员证件一般分为R1、R2、R3、P，R1为快开门式压力容器操作人员资格，是灭菌器、蒸压釜、硫化罐等快开门式压力容器使用单位人员持证；R2为移动式压力容器充装操作人员资格，是汽车罐车等移动式压力容器使用单位人员持证；R3为氧舱维护保养操作人员资格，是氧舱使用单位、维护保养单位等人员持证；P为气瓶充装操作人员资格，为液化石油气瓶、乙炔瓶、氮气瓶等气瓶充装单位操作人员资格，是液化石油气充装站、工业气体充装站等单位人员持证。

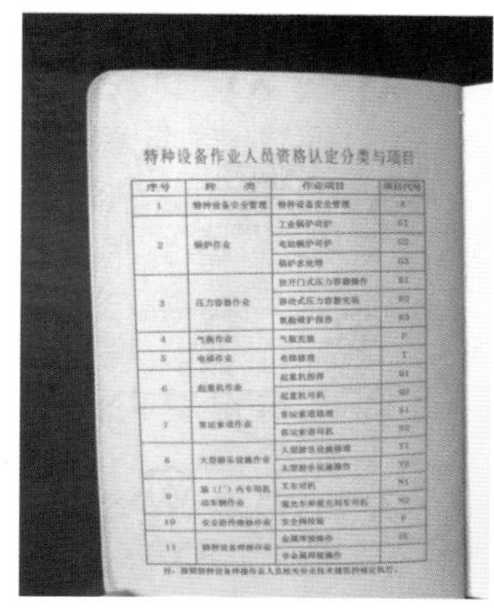

特种设备作业人员资格认定分类与项目

序号	种类	作业项目	项目代号
1	特种设备安全管理	特种设备安全管理	A
2	锅炉作业	工业锅炉司炉	G1
		电站锅炉司炉	G2
		锅炉水处理	G3
3	压力容器作业	快开门式压力容器操作	R1
		移动式压力容器充装	R2
		氧舱维护保养	R3
4	气瓶作业	气瓶充装	P
5	电梯作业	电梯修理	T
6	起重机作业	起重机指挥	Q1
		起重机司机	Q2
7	客运索道作业	客运索道修理	S1
		客运索道司机	S2
8	大型游乐设施作业	大型游乐设施修理	Y1
		大型游乐设施操作	Y2
9	场（厂）内专用机动车辆作业	叉车司机	N1
		观光车和观光列车司机	N2
10	安全附件维修作业	安全阀校验	F
11	特种设备焊接作业	金属焊接操作	[illegible]
		非金属焊接操作	

注：[illegible]

作业人员证件分类

作业人员证件

14. 使用单位未制定相关管理制度和应急救援方案

依据《中华人民共和国特种设备安全法》第六十九条要求：国务院负责特种设备安全监督管理的部门应当依法组织制定特种设备重特大事故应急预案，报国务院批准后纳入国家突发事件应急预案体系。县级以上地方各级人民政府及其负责特种设备安全监督管理的部门应当依法组织制定本行政区域内特种设备事故应急预案，建立或者纳入相应的应急处置与救援体系。特种设备使用单位应当制定特种设备事故应急专项预案，并定期进行应急演练。

15. 气瓶充装单位未按要求进行气瓶充装管理

气瓶充装作为压力容器管理的重要组成部分，由于存在人员作业风险、气体危险性、压力容器储运风险、移动式压力容器装卸风险等，存在充装过期气瓶、人员无证上岗、暴力装卸等，监察人员和使用管理人员应当对气体充装单位进行重点管理。

2.1.4 压力容器现场安全检查重点

（1）定期对安全阀、爆破片、紧急切断阀按照相关要求进行校验、维护保养，由于安全阀校验需要一定周期，建议一备一用，送检的时候确保容器上有校验合格的安全阀确保容器安全使用。

（2）压力表、温度计根据使用要求进行检定、维护保养。

（3）快开门式压力容器安全联锁装置定期进行安全联锁试验：

1）当快开门达到预定关闭部位方能升压运行的联锁控制功能；

2）当压力容器的内部压力完全释放，安全联锁装置脱开后，方能打开快开门的联动功能；

3）具有压力容器“有压”“零压”指示及“超压”声光报警提醒操作人员采取相应措施的功能。

（4）对新购入容器铭牌表面覆盖保护层，防止被外部环境腐蚀，平常对罐体表面做油漆防护时避免覆盖铭牌信息。

（5）检验机构出具真空度超标检验结论后使用单位应安排具有抽真空能力的单位进行抽真空，达到标准后方可使用；使用单位也可自行配备真空计，定期抽查真空度状况，减少容器内超压安全风险。

（6）对于具有充装资质的使用单位应当定期对装卸软管进行压力试验，

并对试验过程进行详细记录。

（7）易燃易爆设备接地电阻值、跨接电阻值超标建议利用容器进行定期检验停机时机，及时加装接地线和跨接导线，并组织相关部门进行检验检测。

（8）罐体内外表面腐蚀应当注意定期对外表面进行防腐，对于内部腐蚀严重的应当考虑介质成分是否不符合设计要求，加强对介质成分的检测和分析，对于经强度校核不能够通过的容器应当及时进行更换。

（9）罐体焊缝处存在表面缺陷或者埋藏缺陷时，应当根据维修的范围和相关法规[重大维修定义见《固定式压力容器安全技术监察规程》（TSG 21—2016）]要求确定是否属于重大维修，如果确属重大维修，应当组织具有维修资质的单位制定维修方案开展维修工作，并按程序向检验机构申请监督检验，出具监检报告。

重大维修改造现场

（10）罐体存在材质劣化倾向，应由检验机构根据使用情况进行安全评定，缩短检验周期或者进行更换，使用单位应重点管理该类设备的运行，是否存在超温超压现象。

（11）特种设备单位使用特种设备需要异动应当按照《特种设备使用管理规则》（TSG 08—2017）办理相关手续。

（12）使用单位管理应当建立特种设备资料档案，安排专人进行管理。

（13）使用单位应当根据设备使用情况安排相关人员参加特种设备作业人

员考试取证，做到持证上岗。

（14）使用单位应当制定相关管理制度并定期组织应急救援演练，提升使用单位应对特种设备突发事件的安全防范意识。

（15）气体充装单位应当做到以下几点要求：气瓶使用前应检查瓶体是否完好；减压器、流量表、软管、防回火装置是否有泄漏、磨损及接头松懈现象；做好气瓶防倾倒措施；盛装气体是否符合作业要求；空瓶实瓶分别存放并贴好状态标签； 气瓶储存安全：气瓶库应通风、干燥、防雨淋、水浸，避免阳光直射，实瓶一般应立放储存，妥善固定，并采取防倾倒措施，气瓶卧放的（乙炔瓶除外），应防止滚动，头部应朝同一方向；气瓶搬运安全，装卸气瓶时，必须配好瓶帽（有保护罩的除外），防止瓶阀受力损伤，装卸中轻装轻卸，严禁抛、滑、滚、碰；人工搬运气瓶，应手盘瓶肩，转动瓶底，不得拖拽、滚动或用脚蹬踹气瓶；安全管理，建立健全气瓶安全管理制度，确保有章可循，识别各种气瓶充装危险因素，制定应急预案并扎实开展应急演练，提升员工处理突发事故的应急能力及减少人员伤害、财产损失。

2.2 压力容器安全监察

2.2.1 压力容器设计的监察

压力容器的设计需要进行行政许可，根据国家市场监督管理总局2019年第3号公告，由总局实施的子项目许可有：

（1）压力容器分析设计（SAD）；

（2）固定式压力容器规则设计；

（3）移动式压力容器规则设计。

其中需要注意以下3点：

（1）压力容器制造单位的设计许可纳入制造许可（压力容器分析设计除外），并在制造许可证上注明。

（2）压力容器制造单位设计本单位制造的压力容器，无须单独取得设计许可。无设计能力的压力容器制造单位应当将设计分包至持有相应设计许可的设计单位。

（3）取得分析设计的单位必须同时取得规则设计许可资格。

针对压力容器设计许可印章有以下需要注意的事项：

《固定式压力容器安全技术监察规程》（TSG 21—2016）中的3.1.2设计专用章是这样规定的：

（1）压力容器的设计总图上，必须加盖设计单位设计专用印章（复印章无效），已加盖竣工图章的图样不得用于制造压力容器。

（2）压力容器设计专用章中至少包括设计单位名称、相应资质证书编号、主要负责人、技术负责人等内容。

《固定式压力容器安全技术监察规程》（TSG 21—2016）修订说明对3.1.2设计专用章的解释：将原设计许可印章改为设计专用章，其使用要求与原许可印章相同，同时对专用章的内容进行了规定，至少包括设计单位名称、相应资质证书编号、主要负责人、技术负责人等内容。

压力容器设计许可证示例

质检总局特种设备局关于《固定式压力容器安全技术监察规程》（TSG 21—2016）的实施意见（质检特函〔2016〕46号）中提出以下实施意见：

关于设计专用印章，《固定式压力容器安全技术监察规程》（TSG 21—2016）3.1.2规定了设计专用印章的要求，在设计许可证有效期内，现有设计许可印章继续有效，但应当在设计许可印章下方加盖设计单位主要负责人印章；在2016年10月1日后取得（含换取）压力容器设计许可证的单位统一使用新名称“设计专用印章”，其内容应当满足《固定式压力容器安全技术监察规程》（TSG 21—2016）3.1.2（2）的要求，其中“主要负责人”为单位法定代表人。

监察机构根据以上许可范围对相关单位进行监察，主要针对设计资质是否取得许可、许可是否过期、许可资源条件是否依旧满足、设计内容是否超过其许可范围等项目进行监察。

2.2.2 压力容器制造（含安装、改造、维修）现场监察

压力容器制造需要进行行政许可，根据国家市场监督管理总局2019年第3号公告，由总局实施的子项目许可有：

（1）固定式压力容器：①大型高压容器（A1）；②球罐（A3）；③非金属压力容器（A4）；④超高压容器（A6）；

（2）移动式压力容器：①铁路罐车（C1）；②汽车罐车、罐式集装箱（C2）；③长管拖车、管束式集装箱（C3）；

（3）氧舱（A5）；

（4）气瓶：①无缝气瓶（B1）；②焊接气瓶（B2）；③特种气瓶。

副本

中华人民共和国
特种设备制造许可证
Manufacture License of Special Equipment
People's Republic of China

（压力容器）

压力容器制造许可证示例

国家市场监督管理总局授权省级市场监督管理部门实施或由省级市场监督管理部门实施的子项目许可：

固定式压力容器：①其他高压容器（A2）；②中、低压容器（D）。

其中需要注意以下几点：

（1）固定式压力容器压力分级方法按照《固定式压力容器安全技术监察规程》执行（下同）；

（2）大型高压容器指内径大于或者等于2m的高压容器（下同）；

（3）超大型压力容器是指因直径过大无法通过公路、铁路运输的压力容器。专门从事超大型中低压非球形压力容器分片现场制造的单位，应取得相应级别的压力容器制造许可（许可证书注明超大型中低压非球形压力容器现场制造），持有A3级压力容器制造许可证的制造单位可以从事超大型中低压非球

形压力容器现场制造；

（4）特种气瓶包括纤维缠绕气瓶（B3）、低温绝热气瓶（B4）、内装填料气瓶（B5）；

（5）覆盖关系：A1 级覆盖 A2、D级，A2、C1、C2 级覆盖D级；

（6）取得A5 级压力容器制造许可的单位可以制造与其产品配套的中低压压力容器。

此外，固定式压力容器安装不单独进行许可，各类气瓶安装无需许可。压力容器制造单位可以设计、安装与其制造级别相同的压力容器和与该级别压力容器相连接的工业管道（易燃易爆有毒介质除外，且不受长度、直径限制）；任一级别安装资格的锅炉安装单位或压力管道安装单位均可以进行压力容器安装。压力容器改造和重大修理由取得相应级别制造许可的单位进行，不单独进行许可。

监察机构根据以上许可范围对相关单位进行监察，主要针对制造资质是否取得许可、焊接人员是否持证作业、许可是否过期、许可资源条件是否依旧满足、制造改造维修等是否超过其许可范围等项目进行监察。

2.2.3 压力容器使用监察

隐患排查建议重点在有重大危险源的使用单位如液化石油气充装站、天然气门站等和人员密集的场所如学校、医院等，切实开展应急救援方案的制定和定期演练。

2.2.4 对气瓶充装单位的监察

气瓶充装单位应当取得相应气瓶的充装许可资质。根据《特种设备生产和充装单位许可规则》（TSG 07—2019），气瓶充装单位应当具备基本的充装条件、人员、充装场所、检测仪器与试验装置，其中不同介质气体其专项技术条件也应当满足，并建立质量保证体系且有效实施。

充装单位在许可周期内的充装业绩应当覆盖其许可范围，并且每年的年度监督检查结果合格，否则按照首次申请取证或增项处理。

2.2.5 对压力容器使用单位的现场监察

1. 作业人员

根据国家市场监督管理总局2019年第3号公告，压力容器（含气瓶）作业人员资格认定分类与项目按照下表进行分类，监察人员应当根据设备情况监察使用单位相关作业人员是否持有特种设备作业人员证件。

压力容器作业人员资格认定分类

压力容器作业	快开门式压力容器操作	R1
	移动式压力容器充装	R2
	氧舱维护保养	R3
气瓶作业	气瓶充装	P

2. 使用登记及检验标志

监察人员应对特种设备的使用登记证、检验标志、充装许可证（对有气体充装要求的单位）等相关证件予以检查，设备是否存在超范围使用、超期使用、违法充装等问题。

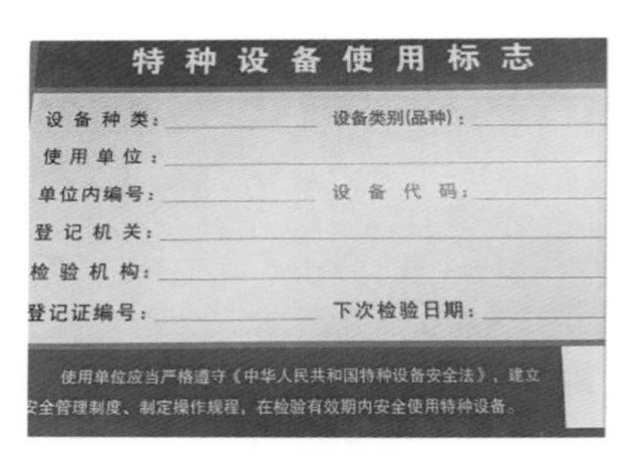

特种设备使用标志

设备种类：　　　　设备类别(品种)：
使用单位：
单位内编号：　　　　设备代码：
登记机关：
检验机构：
登记证编号：　　　　下次检验日期：

使用单位应当严格遵守《中华人民共和国特种设备安全法》，建立安全管理制度、制定操作规程，在检验有效期内安全使用特种设备。

检验标志示例

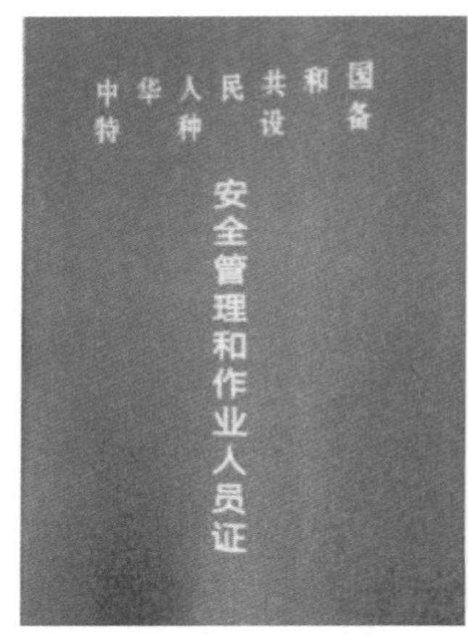

作业人员证件示例

气瓶充装许可证示例

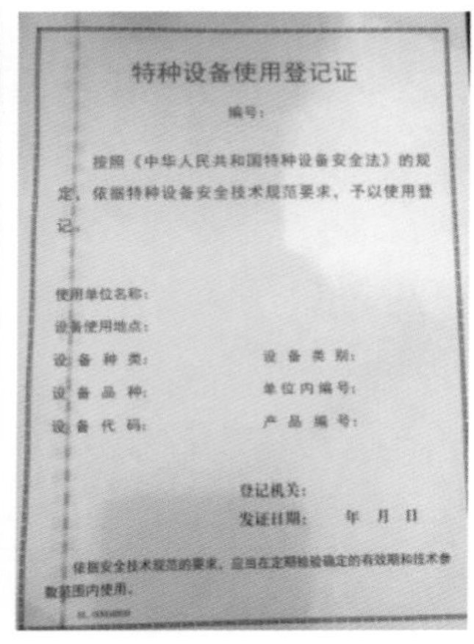

特种设备使用登记证

编号：

按照《中华人民共和国特种设备安全法》的规定，依据特种设备安全技术规范要求，予以使用登记。

使用单位名称：
设备使用地点：
设备种类：　　　　设备类别：
设备品种：　　　　单位内编号：
设备代码：　　　　产品编号：

登记机关：
发证日期：　　年　月　日

依据安全技术规范的要求，应当在定期检验确定的有效期和技术参数范围内使用。

使用登记证示例

3. 安全附件及安全保护装置

安全附件主要包括安全阀、爆破片、快开门式压力容器安全联锁装置等。监察人员应当对安全附件的使用情况进行检查，是否存在标签拆毁、爆破片失效、安全联锁装置是否拆除等问题，检查安全阀校验标签是否完好有效，爆破片是否完好且检查其定期更换记录（一般2~3年更换一次，以说明书为准），快开门压力容器安全联锁装置是否可靠有效。

4. 年度检查情况

压力容器年度检查每年必须做一次，当年已进行定期检验可以不做年度检查（氧舱除外，先做年度检查，再做定期检验），年度检查如由使用单位自己开展，应当是经过专业培训过的人员依照相应的检查规程进行（建议持有压力容器作业人员证件），且经过二级审核（建议审核人员持有安全管理人员证件），出具年度检查报告。年度检查也可由使用单位委托具有专业资质的检验机构开展，监察人员应当对使用单位年度检查记录进行检查与核实。

2.2.6 对压力容器检验检测的监察

压力容器检验人员资质有检验员和检验师两种，均由国家市场监督管理总局实施许可，压力容器检验员分为定检员RQ-1和监检员RQ-2，RQ-1/2仅能够从事第一、二类压力容器的检验工作，气瓶检验员分为定检员QP-1和监检员QP-2，QP-1/2仅能够从事各类气瓶的检验工作，检验师则可从事各类压力容器（含气瓶）的各种检验工作。此外，从事氧舱检验工作的检验人员需要达到20小时医用氧舱有关知识的专业培训后方可开展氧舱检验。

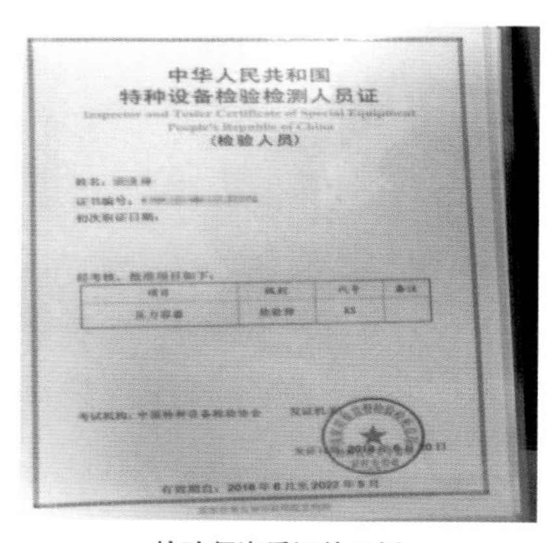
中华人民共和国
特种设备检验检测人员证
（检验人员）

检验师资质证件示例

监察人员应当对检验机构的资质、人员资质的有效期进行检查，检查是否存在资质条件不符合核准资源条件要求、人员未持证检验等问题。

2.3 压力容器使用管理

[摘自《特种设备使用管理规则》（TSG 08—2017）
与《固定式压力容器安全技术监察规程》（TSG 21—2016）]

2.3.1 压力容器使用单位机构和人员要求

1. 符合下列条件之一的压力容器使用单位需设置专门的安全管理机构

1）石化与化工成套装置；

2）特种设备总量50台以上（含50台、不含气瓶）。

2. 压力容器使用单位人员资质要求

（1）安全管理负责人（需设置安全管理机构的，要取证）

有以下情况之一者，需配备专职安全管理员，并取证：

1）5台以上（含5台）Ⅲ类压力容器；

2）充装移动式压力容器和气瓶；

3）使用移动式压力容器；

4）各类特种设备总量20台以上（含20台）。

特种设备使用单位应当根据本单位特种设备数量、特性等配备相应持证的特种设备作业人员，并且在使用特种设备时应当保证每班至少有1名持证的作业人员在岗。有关安全技术规范对特种设备作业人员有特殊规定的，从其规定。

（2）节能管理人员

高耗能特种设备使用单位应当配备节能管理人员，负责宣传贯彻特种设备节能的法律法规。

锅炉使用单位的节能管理人员应当组织制定本单位锅炉节能制度，对锅炉节能管理工作实施情况进行检查；建立锅炉节能技术档案，组织开展锅炉节能教育培训；编制锅炉能效测试计划，督促落实锅炉定期能效测试工作。

2.3.2 压力容器技术档案要求

逐台建立压力容器技术档案，在使用地保存，技术档案至少包括以下内容：

1）使用登记证；

2）特种设备使用登记表；

3）设计、制造技术文件和资料，监检证书；

4）安装、改造和维修的方案、图样、材料质量证明书和施工质量证明文件等技术资料，监检报告；

5）定期自行检查记录（年度检查）、定期检验报告；

6）日常使用状况记录；

7）维护保养记录；

8）安全附件校验、检修和更换记录、报告；

9）有关运行故障、事故记录和处理报告。

2.3.3 压力容器使用登记和变更

压力容器在投入使用前或者投入使用后30日内，使用单位应当向使用登记机关逐台申请办理使用登记，车用气瓶以车为单位进行使用登记，气瓶（车用气瓶除外）应当以使用单位为对象向登记机关办理使用登记：

1）压力容器改造、移装、单位变更或者单位更名，应当向登记机关申请变更登记；

2）达到设计使用年限继续使用，申请变更登记，在使用登记证上标注“超设计使用年限”；

3）压力容器拟停用1年以上的，在停用后30日内告知登记机关；

4）重新启用时，进行自行检查，到登记机关办理启用手续；

5）超过定期检验周期的，应当参照定期检验的有关要求进行检验。

压力容器使用登记办理需要提供以下资料：

（1）按台（套）办理

使用单位申请办理特种设备使用登记时，应当逐台（套）填写使用登记表，向登记机关提交以下相应资料，并且对其真实性负责：

1）使用登记表（一式两份）；

2）含有使用单位统一社会信用代码的证明或者个人身份证明（适用于公民个人所有的特种设备）；

3）特种设备产品合格证（含产品数据表、车用气瓶安装合格证明）；

4）特种设备监督检验证明（安全技术规范要求进行使用前首次检验的特种设备，应当提交使用前的首次检验报告）；

5）机动车行驶证（适用于与机动车固定的移动式压力容器）、机动车登记证书（适用于与机动车固定的车用气瓶）。

包含压力容器的撬装式承压设备系统或者机械设备系统中的压力管道可以随其压力容器一同办理使用登记。登记时另提交分汽（水）缸、压力管道元件的产品合格证（含产品数据表），但是不需要单独领取使用登记证。

没有产品数据表的特种设备，登记机关可以参照已有特种设备产品数据表的格式，制定其特种设备产品数据表，由使用单位根据产品出厂的相应资料填写。

可以采取网上申报系统进行使用登记。

（2）按单位办理

使用单位申请办理特种设备使用登记时，应当向登记机关提交以下相应资料，并且对其真实性负责：

1）使用登记表（一式两份）；

2）含有使用单位统一社会信用代码的证明；

3）监督检验、定期检验证明（注）；

4）气瓶基本信息汇总表。

注：新投入使用的气瓶应当提供制造监督检验证明，进行定期检验的气瓶应当同时提供定期检验证明。

第3章　压力管道

3.1　压力管道基础知识

压力管道的定义：压力管道是指利用一定的压力，用于输送气体或者液体的管状设备，其范围规定为最高工作压力大于或者等于0.1MPa（表压），介质为气体、液化气体、蒸汽或者可燃、易爆、有毒、有腐蚀性、最高工作温度高于或者等于标准沸点的液体，且公称直径大于或者等于50mm的管道。公称直径小于150mm，且其最高工作压力小于1.6MPa（表压）的输送无毒、不可燃、无腐蚀性气体的管道和设备本体所属管道除外。其中，石油天然气管道的安全监督管理还应按照《安全生产法》《石油天然气管道保护法》等法律法规实施。（《特种设备目录》）

注：新《特种设备目录》的压力管道定义中“公称直径小于150mm，且其最高工作压力小于1.6MPa（表压）的输送无毒、不可燃、无腐蚀性气体的管道”所指的无毒、不可燃、无腐蚀性气体，不包括液化气体、蒸汽和氧气。（质检办特〔2015〕675号）

3.1.1 压力管道类别、级别划分

长输管道（GA）指产地、储存库、使用单位之间的用于输送商品介质的管道，分为：

GA1：①设计压力大于或者等于4.0MPa（表压，下同）的长输输气管道；②设计压力大于或者等于6.3MPa的长输输油管道。

GA2：GA1级以外的长输管道。

输气管道

输油管道（原油、成品油管道同沟敷设）

公用管道（GB）指城市或乡镇范围内的用于公用事业或民用的管道，分为：GB1燃气管道，GB2热力管道。

公用管道（钢管）

公用管道（PE管道）

工业管道（GC）指企业、事业单位所属用于输送工艺介质的工艺管道、公用工程管道及其他辅助管道。分为：

GC1：①输送《危险化学品目录》中规定的毒性程度为急性毒性类别1介质、急性毒性类别2气体介质和工作温度高于其标准沸点的急性毒性类别2液体介质的工艺管道；②输送《石油化工企业设计防火规范》（GB50160）、《建筑设计防火规范》（GB50016）中规定的火灾危险性为甲、乙类可燃气体或者甲类可燃液体（包括液化烃），并且设计压力大于或者等于4.0MPa的工艺管道；③输送流体介质，并且设计压力大于或者等于 10.0MPa，或者设计压力大于或者等于4.0MPa且设计温度高于或者等于400℃的工艺管道。

GC2：①GC1级以外的工艺管道；②制冷管道。

GCD：动力管道，火力发电厂用于输送蒸汽、汽水两相介质的管道。

（市场监管总局关于特种设备行政许可有关事项的公告〔2019年第3号〕）

工艺管道

动力管道

制冷管道

3.1.2 压力管道元件及作用

压力管道元件，包括管道组成件和管道支承件。

管道组成件是指用于连接或者装配成承载压力且密封的管道系统的元件，包括管子、管件、法兰、密封件、紧固件、阀门、安全保护装置以及诸如膨胀节、挠性接头、耐压软管、过滤器（如Y型、T型等）、管路中的节流装置（如孔板）和分离器等。

管道支承件是指将管道载荷传递到管架结构上的元件，包括吊杆、弹簧支吊架、斜拉杆、平衡锤、松紧螺栓、支撑杆、链条、导轨、鞍座、滚柱、托座、滑动支座、吊耳、管吊、卡环、管夹、U形夹和夹板等。

（1）管子　常用管子包括钢管和PE管；主要作用：压力管道的主要组成。

无缝钢管

焊接钢管

不锈钢管

PE管

（2）管件　常用管件有弯头、三通、四通，弯头的作用：改变管路方向。三通、四通的作用：用于管道分流或汇流。异径管/大小头，作用：改变管径。

弯头　　不锈钢大小头

带法兰弯头　　四通

大小头　　三通

PE管件

钢塑转换接头

（3）法兰　常用法兰包括平焊法兰和长颈对焊法兰，作用：连接阀门和管道。

长颈对焊法兰

平焊法兰

（4）密封件　密封件的作用：防止管道介质流出。

金属垫片

四氟垫片

石墨垫片

（5）阀门　阀门的作用：用来开闭管路、控制流向、调节和控制输送介质的参数（温度、压力和流量）的管路附件。

截止阀

疏水阀

球阀

闸阀

（6）管道膨胀节（补偿器）　管道膨胀节（补偿器）的作用：补偿因温度差与机械振动引起的附加应力。

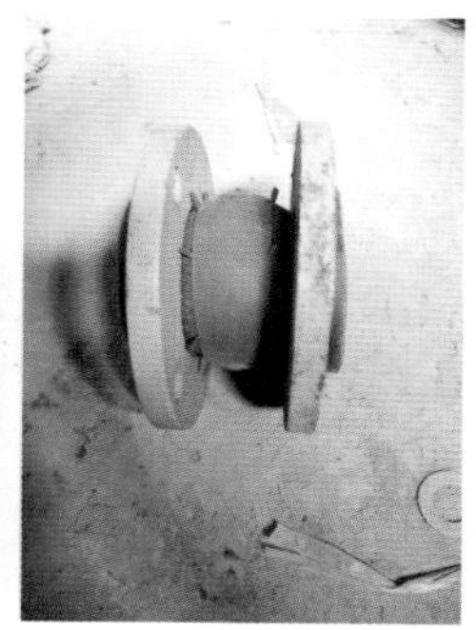

旋转补偿器

（7）安全阀　安全阀的作用：当管道压力超过规定值时，安全阀打开，将管道中的一部分介质排入管道外，使管道压力不超过允许值，从而保证管道不因压力过高而发生事故。

安全回流阀

（8）紧急切断装置　紧急切断装置的作用：当管道破裂或者其他原因造成介质泄漏时，管内介质流速急增，阀门立即自行关闭，进行紧急止漏。

紧急切断装置

（9）压力表、温度表　压力表、温度表的作用：指示压力、温度。

压力表　　温度表

3.2　压力管道安全监察

3.2.1 压力管道现场安全监察

压力管道现场安全监察主要依据《特种设备现场安全监督检查规则》（2015年第5号），其适用于国家市场监督管理总局和省以下各级负责特种设备安全监督管理的部门（以下简称监管部门）对压力管道生产（含设计、制造、安装、改造、修理）、经营（含销售、出租、进口）和使用单位实施的安全监督检查。但不适用于许可实施机关对取得生产许可单位开展的监督抽查，以及特种设备事故调查处理工作。

压力管道现场安全监督检查分为日常监督检查和专项监督检查。

日常监督检查，是指按照《特种设备现场安全监督检查规则》规定的检查计划、检查项目、检查内容，对被检查单位实施的监督检查。

专项监督检查，是指根据各级人民政府及其所属有关部门的统一部署，或由各级监管部门组织的，针对具体情况，在规定的时间内，对被检查单位的特定设备或项目实施的监督检查。

实施压力管道现场安全监督检查时，应当有2名以上持有特种设备安全行政执法证件的人员参加；根据需要，可以邀请有关技术人员参与检查（统称检查人员），检查人员将检查中发现的主要问题、处理措施等信息汇总后，应填写《特种设备现场安全监督检查记录》，如发现违反《中华人民共和国特种设备安全法》和《特种设备安全监察条例》规定和安全技术规范要求的行为或者压力管道存在事故隐患时，应下达《特种设备现场安全监察指令书》，责令立即或者限期采取必要措施施予以改正，消除事故隐患。

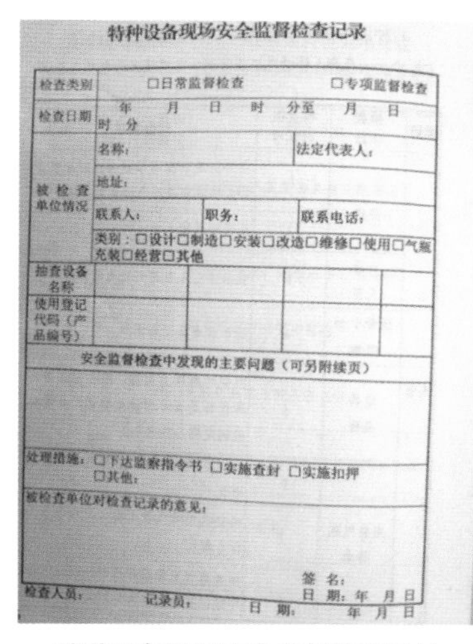
特种设备现场安全监督检查记录

检查类别	□日常监督检查 □专项监督检查			
检查日期	年 月 日 时 分至 月 日 时 分			
被检查单位情况	名称：		法定代表人：	
	地址：			
	联系人：	职务：	联系电话：	
	类别：□设计□制造□安装□改造□维修□使用□气瓶充装□经营□其他			
抽查设备名称				
使用登记代码（产品编号）				
安全监督检查中发现的主要问题（可另附续页）				
处理措施：□下达监察指令书 □实施查封 □实施扣押 □其他：				
被检查单位对检查记录的意见： 签 名： 日 期：年 月 日				

检查人员： 记录员： 日 期： 年 月 日

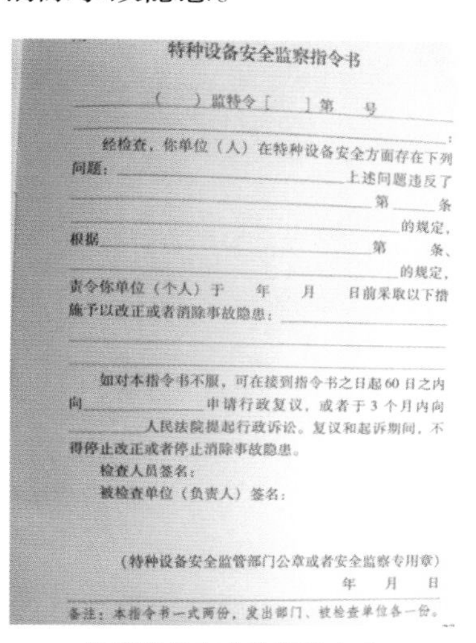
特种设备安全监察指令书

____（ ）监特令［ ］第 号

____：

经检查，你单位（人）在特种设备安全方面存在下列问题：____上述问题违反了____第____条____的规定，根据____第 条、____的规定，责令你单位（个人）于 年 月 日前采取以下措施予以改正或者消除事故隐患：____

如对本指令书不服，可在接到指令书之日起60日之内向____申请行政复议，或者于3个月内向____人民法院提起行政诉讼。复议和起诉期间，不得停止改正或者停止消除事故隐患。

检查人员签名：

被检查单位（负责人）签名：

（特种设备安全监管部门公章或者安全监察专用章）

年 月 日

备注：本指令书一式两份，发出部门、被检查单位各一份。

特种设备安全监察指令书

3.2.2 对压力管道设计单位的监察

检查设计单位的设计许可证是否在有效期内，是否超范围设计，法定代表人、名称、产权、设计场地发生变更是否按规定及时办理变更手续。

目前压力管道设计许可的各许可项目与许可实施机关的规定是：

由国家市场监督管理总局实施的子项目：长输管道（GA1、GA2）。

由国家市场监督管理总局授权省级市场监督部门或者由省级市场监督部门实施的子项目：公用管道（GB1、GB2）、工业管道（GC1、GC2、GCD）。

（市场监管总局关于特种设备行政许可有关事项的公告〔2019年第3号〕）

压力管道设计印章及单位资格证见下图：

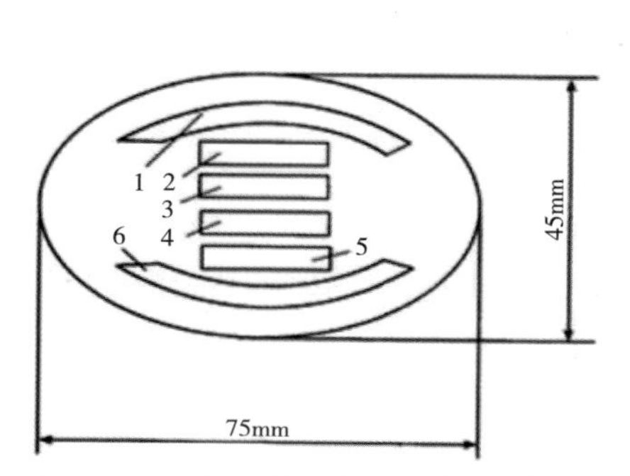

1.“特种设备设计许可印章”字样；2.“压力管道”字样；3. 设计单位技术负责人姓名；4. 设计单位设计许可证编号；5. 设计单位设计许可证批准日期；6. 为设计单位全称

压力管道设计印章

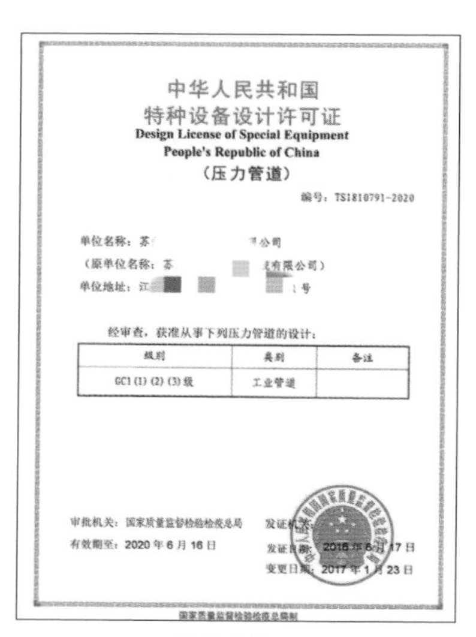

中华人民共和国
特种设备设计许可证
Design License of Special Equipment
People's Republic of China
（压力管道）

编号：TS1810791-2020

单位名称：苏　　　　公司
（原单位名称：苏　　　　有限公司）
单位地址：江　　　　1号

经审查，获准从事下列压力管道的设计：

级别	类别	备注
GC1 (1) (2) (3) 级	工业管道	

审批机关：国家质量监督检验检疫总局
有效期至：2020 年 6 月 16 日

发证机关：
发证日期：2016 年 6 月 17 日
变更日期：2017 年 1 月 23 日

国家质量监督检验检疫总局制

单位资格证

抽查设计图样审批手续是否符合要求。设计人员分为设计、校核、审核、审定4类人员，其中从事压力管道设计审核和审定的人员，不再需要取得相应的资格证。

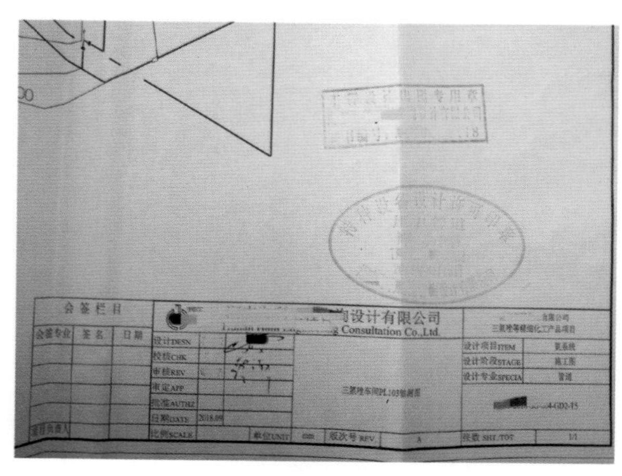

图样审批栏

3.2.3 对压力管道元件制造单位的监察

检查制造单位的制造许可证是否在有效期内，是否超范围制造，法定代表人、名称、产权、制造场地发生变更是否按规定及时办理变更手续。

检查制造单位相关安全管理、检测人员、专业技术人员是否按规定具有资格证件，是否有效。

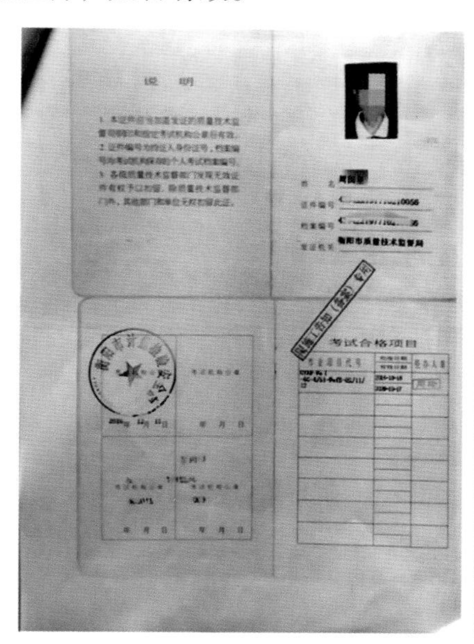

金属焊工证

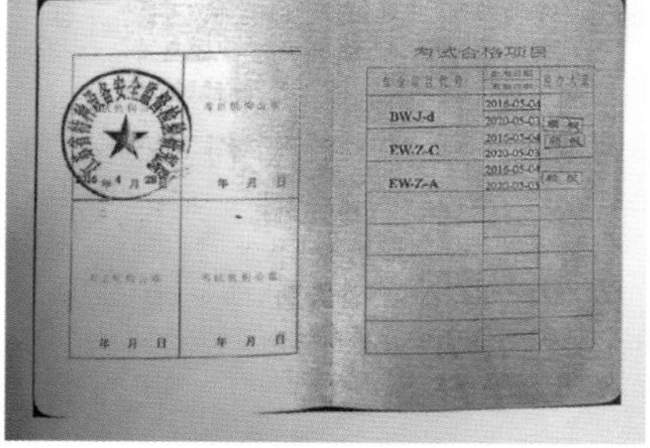

非金属焊工证

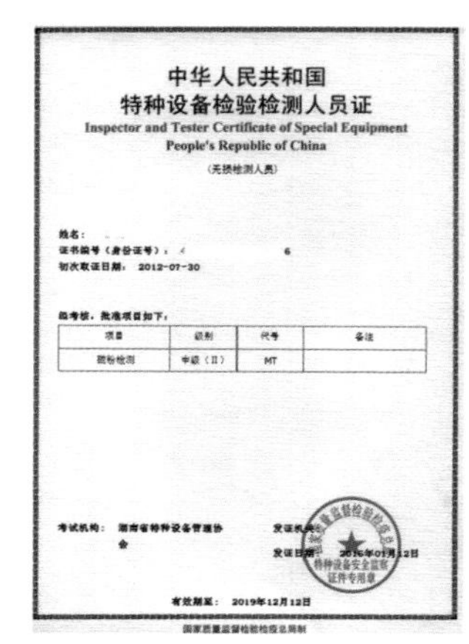

中华人民共和国
特种设备检验检测人员证
Inspector and Tester Certificate of Special Equipment
People's Republic of China
（无损检测人员）

姓名：
证书编号（身份证号）：
初次取证日期：2012-07-30

项目	级别	代号	备注
磁粉检测	中级（II）	MT	

考试机构：湖南省特种设备管理协会

有效期至：2019年12月12日

无损检测人员证

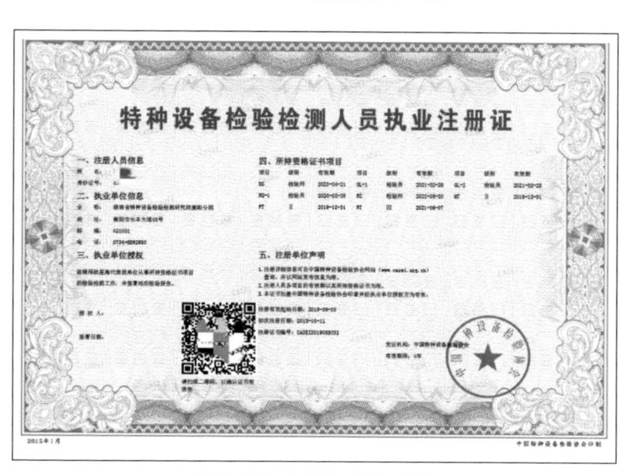

特种设备检验检测人员执业注册证

一、注册人员信息
二、执业单位信息
三、执业单位授权
四、所持资格证书项目
五、注册单位声明

无损检测人员执业注册证

抽查制造档案是否建立，抽查产品生产过程资料是否保存完整，是否附有质量合格证明等相关文件和资料。

管子材质证书

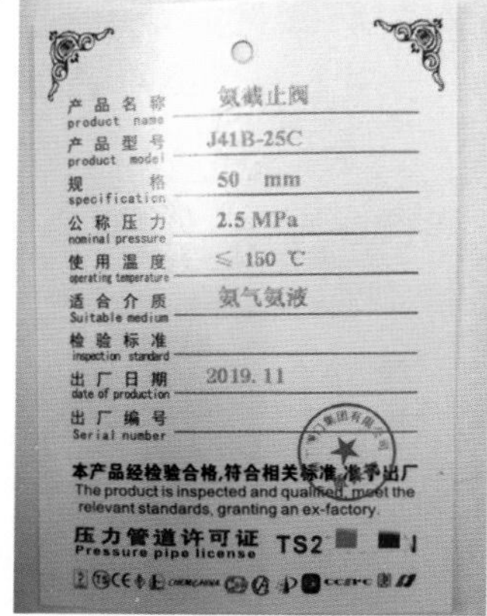

阀门合格证

检查型式试验、监督检验资料是否齐全。

目前对压力管道元件制造许可的各许可项目与许可实施机关的规定是:

（1）由国家市场监督管理总局实施的子项目

1）压力管道管子（A）（①公称直径大于或者等于150mm且公称压力大于或者等于10MPa用于压力管道的无缝钢管；②公称直径大于或者等于800mm用于输送石油天然气的焊接钢管；③公称直径大于或者等于 450mm 用于输送燃气的聚乙烯管）；

2）压力管道阀门（A1、A2）（A1：公称压力大于或者等于10MPa且公称直径大于或者等于300mm 的金属阀门；A2：公称压力大于4.0MPa 且设计温度低于或者等于零下101℃的金属阀门）；

3）境外制造的压力管道元件（压力管道管子、压力管道阀门），境外制造许可参数级别与境内相同。

（2）由国家市场监督管理总局授权省级市场监督部门或者由省级市场监督部门实施的子项目

1）压力管道管子（B）除A级以外的其他无缝钢管、焊接钢管、聚乙烯管；非金属材料管中的其他非金属材料管；

2）压力管道阀门（B）公称压力大于4.0MPa且公称直径大于或者等于50mm的其他金属阀门；

3）压力管道管件[无缝管件（B1、B2）、有缝管件（B1、B2）、锻制管件、聚乙烯管件]B1：公称直径大于或者等于300mm且标准抗拉强度下限值大于540MPa的无缝管件、标准抗拉强度下限值大于540MPa的有缝管件；B2：其他无缝管件、有缝管件；

4）压力管道法兰（钢制锻造法兰）；

5）补偿器[金属波纹膨胀节（B1：公称压力大于或者等于4.0MPa且公称直径大于或者等于500mm的金属波纹膨胀节；B2：其他金属波纹膨胀节）]；

6）元件组合装置（许可产品范围按相关安全技术规范的规定确定）。

（市场监管总局关于特种设备行政许可有关事项的公告〔2019年第3号〕）

压力管道元件制造许可标志

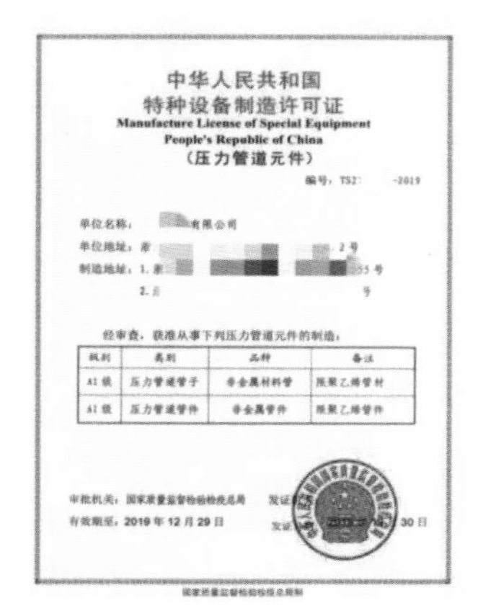

中华人民共和国
特种设备制造许可证
Manufacture License of Special Equipment
People's Republic of China
（压力管道元件）

编号：TS2　-2019

单位名称：　有限公司

单位地址：

制造地址：1.

2.

经审查，获准从事下列压力管道元件的制造：

级别	类别	品种	备注
A1级	压力管道管子	非金属材料管	限聚乙烯管材
A1级	压力管道管件	非金属管件	限聚乙烯管件

审批机关：国家质量监督检验检疫总局　发证机关：

有效期至：2019年12月29日　发证日期：　30日

国家质量监督检验检疫总局制

管子制造许可证

中华人民共和国
特种设备制造许可证
Manufacture License of Special Equipment
People's Republic of China
（压力管道）

编号：

单位名称：

制造地址：

经审查，获准从事下列压力管道元件的制造：

组别	产品	级别	备注
第三组	闸阀、截止阀、止回阀、球阀、蝶阀	A、B	
	疏水阀	B	

审批机关：国家质量监督检验检疫总局　发证机关：

有效期至：2010年3月28日　发证日期：　29日

变更日期：2008年4月7日

国家质量监督检验检疫总局制

管道阀门制造许可证

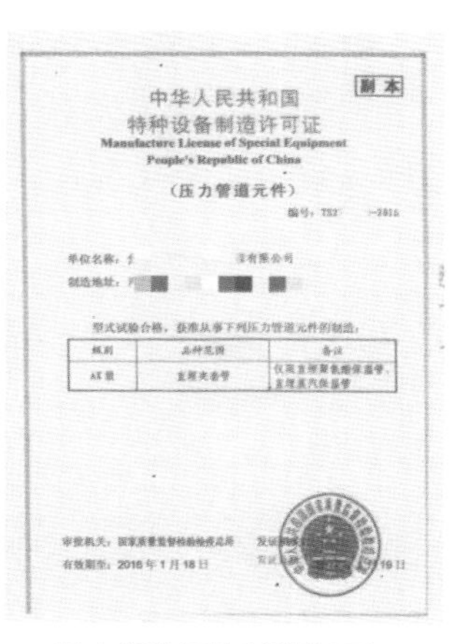

副本

中华人民共和国
特种设备制造许可证
Manufacture License of Special Equipment
People's Republic of China
（压力管道元件）

编号：TS2　-2015

单位名称：　有限公司

制造地址：

型式试验合格，获准从事下列压力管道元件的制造：

级别	品种范围	备注
A1级	直埋夹套管	仅限直埋聚氨酯保温管、直埋蒸汽保温管

审批机关：国家质量监督检验检疫总局　发证机关：

有效期至：2016年1月18日　发证日期：　19日

压力管道元件制造许可证

目前压力管道元件型式试验执行的安全技术规范为《压力管道元件型式试验规则》（TSG D7002—2006），压力管道元件制造监督检验执行的安全技术规范为《压力管道元件制造监督检验规则》（TSG D7001—2013），但是该规则颁布后，原国家质量监督检验检疫总局又决定其暂缓实施，目前仍然只执行《压力管道元件制造监督检验规则（埋弧焊钢管与聚乙烯管）》（TSG D7001—2005）。

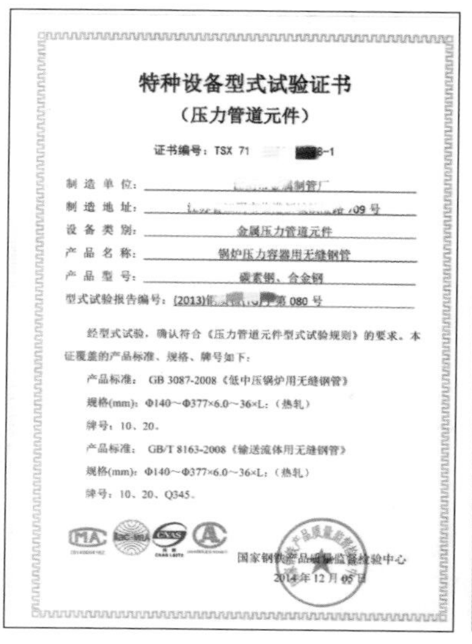

特种设备型式试验证书

（压力管道元件）

证书编号：TSX 71 [illegible]-1

制造单位：[illegible]制管厂

制造地址：[illegible]09号

设备类别：金属压力管道元件

产品名称：锅炉压力容器用无缝钢管

产品型号：碳素钢、合金钢

型式试验报告编号：(2013)[illegible]第080号

经型式试验，确认符合《压力管道元件型式试验规则》的要求。本证覆盖的产品标准、规格、牌号如下：

产品标准：GB 3087-2008《低中压锅炉用无缝钢管》

规格(mm)：Φ140～Φ377×6.0～36×L：（热轧）

牌号：10、20。

产品标准：GB/T 8163-2008《输送流体用无缝钢管》

规格(mm)：Φ140～Φ377×6.0～36×L：（热轧）

牌号：10、20、Q345。

国家钢铁产品质量监督检验中心

2014年12月05日

压力管道元件型式试验证书

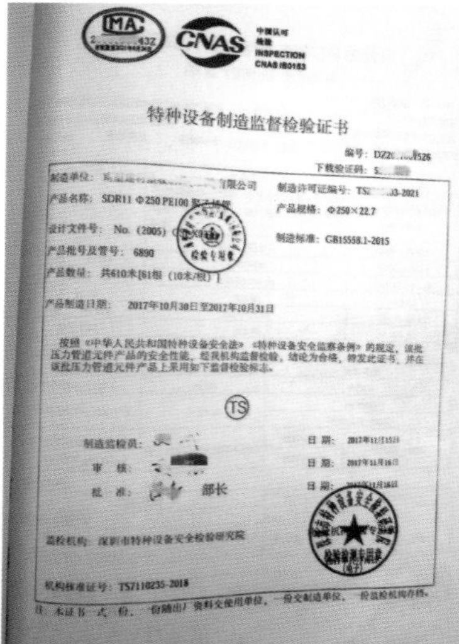

特种设备制造监督检验证书

编号：DZ2[illegible]526

下载验证码：[illegible]

制造单位：[illegible]有限公司

制造许可证编号：TS[illegible]3-2021

产品名称：SDR11 Φ250 PE100 [illegible]

产品规格：Φ250×22.7

设计文件号：No.（2005）[illegible]

制造标准：GB15558.1-2015

产品批号及管号：6890

产品数量：共610米[61根（10米/根）]

产品制造日期：2017年10月30日至2017年10月31日

按照《中华人民共和国特种设备安全法》《特种设备安全监察条例》的规定，该批压力管道元件产品的安全性能，经我机构监督检验，结论为合格，特发此证书，并在该批压力管道元件产品上采用如下监督检验标志。

制造监检员：　日期：2017年11月15日

审核：　日期：2017年11月16日

批准：　部长　日期：2017年11月16日

监检机构：深圳市特种设备安全检验研究院

机构核准证号：TS7110235-2018

注：本证书一式　份，一份随出厂资料交使用单位，一份交制造单位，一份监检机构存档。

PE管监督检验证书

3.2.4 对压力管道安装、改造、维修的监察

检查压力管道安装、改造、维修单位的许可证是否在有效期内，是否超范围安装，法定代表人、名称、产权发生变更是否按规定及时办理变更手续。

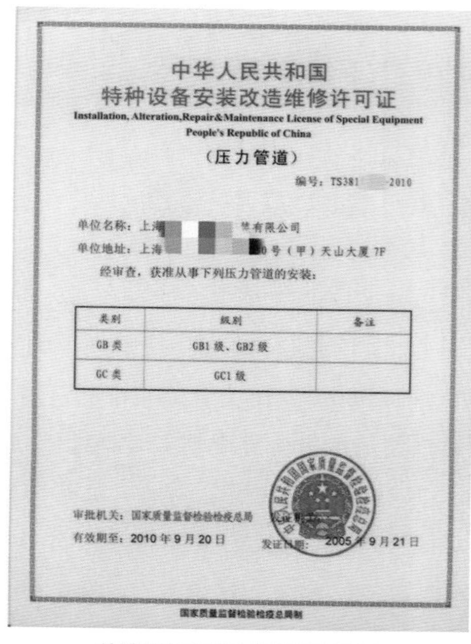

中华人民共和国

特种设备安装改造维修许可证

Installation, Alteration,Repair&Maintenance License of Special Equipment

People's Republic of China

（压力管道）

编号：TS381[illegible]2010

单位名称：上海[illegible]有限公司

单位地址：上海[illegible]号（甲）天山大厦7F

经审查，获准从事下列压力管道的安装：

类别	级别	备注
GB类	GB1级、GB2级	
GC类	GC1级	

审批机关：国家质量监督检验检疫总局

有效期至：2010年9月20日

发证日期：2005年9月21日

国家质量监督检验检疫总局制

特种设备安装改造维修许可证

检查压力管道安装、改造、维修的施工单位是否在施工前将拟进行的压力管道安装、改造、维修情况书面告知。安装单位应当在压力管道安装施工（含试安装）前履行告知手续。承担跨省长输管道安装的安装单位，应当向国家质量监督检验检疫总局履行告知手续；承担省内跨市长输管道安装的安装单位，应当向省级质量技术监督部门履行告知手续；其他压力管道的安装单位，应当向设区的市级质量技术监督部门履行告知手续。告知应当采用书面告知的方式，特种设备安全监察机构负责接受告知后方可施工。

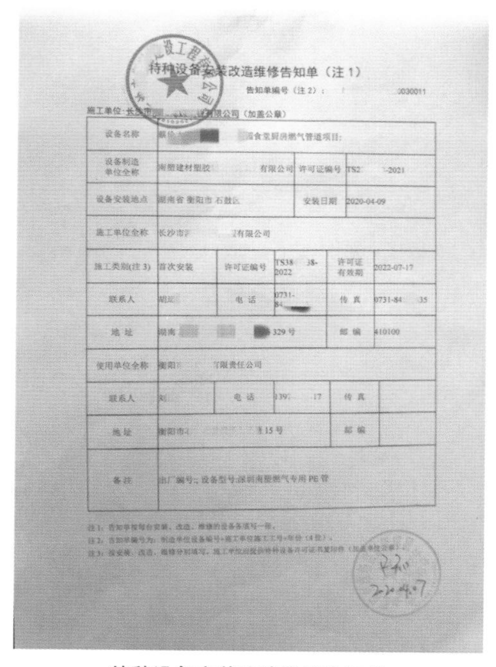

特种设备安装改造维修告知单（注 1）

告知单编号（注 2）：0030011

施工单位：有限公司（加盖公章）

设备名称	食堂厨房燃气管道项目				
设备制造单位全称	有限公司	许可证编号	TS2 -2021		
设备安装地点	湖南省 衡阳市 石鼓区	安装日期	2020-04-09		
施工单位全称	长沙市 有限公司				
施工类别(注 3)	首次安装	许可证编号	TS38 38-2022	许可证有效期	2022-07-17
联系人		电 话	0731-84	传 真	0731-84 35
地 址	湖南 329 号			邮 编	410100
使用单位全称	衡阳 有限责任公司				
联系人	刘	电 话	139 17	传 真	
地 址	衡阳市 15 号			邮 编	
备 注	出厂编号：设备型号：燃气专用 PE 管				

特种设备安装改造维修告知单

检查施工单位相关安全管理、检测人员、专业技术人员是否满足施工要求，要求持证的应具有资格证件，是否有效。

检查施工单位的施工设备是否满足施工要求。

检查施工过程是否符合技术规范要求。

检查施工档案是否建立，抽查施工过程资料是否保存完整，是否附有质量合格证明等相关文件和资料。

检查施工竣工后是否移交相关技术资料。

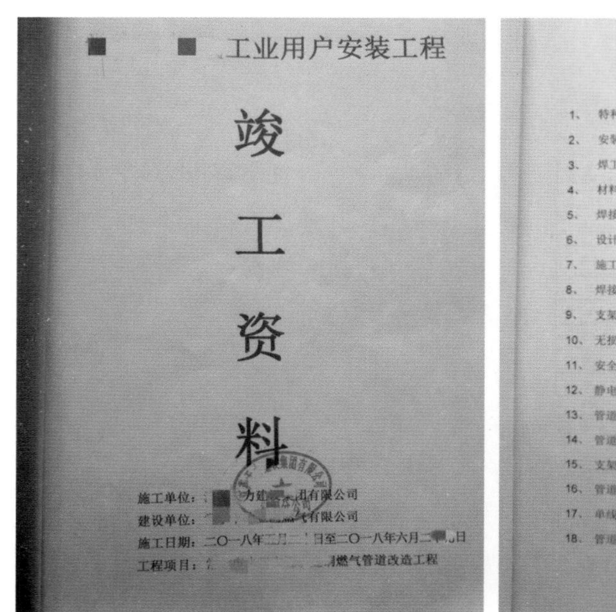

目　录

1、特种设备安装改造维修告知书，使用单位营业执照（复印件）；
2、安装单位资质证书、无损单位资质证书（复印件）；
3、焊工及无损检测人员资格复印件；
4、材料质量证明书及验收记录；
5、焊接工艺评定、焊接指导书；
6、设计图纸
7、施工方案
8、焊接工艺卡及焊接施工检查记录、焊缝外观检查记录；
9、支架、及阀门等主要管件安装记录；
10、无损检测报告；
11、安全附件校验报告；
12、静电接电测试记录；
13、管道强度试验及气密性试验记录；
14、管道吹扫记录；
15、支架防腐记录；
16、管道保冷记录；
17、单线图及竣工图；
18、管道特性表；

竣工资料封面　　　　竣工资料目录

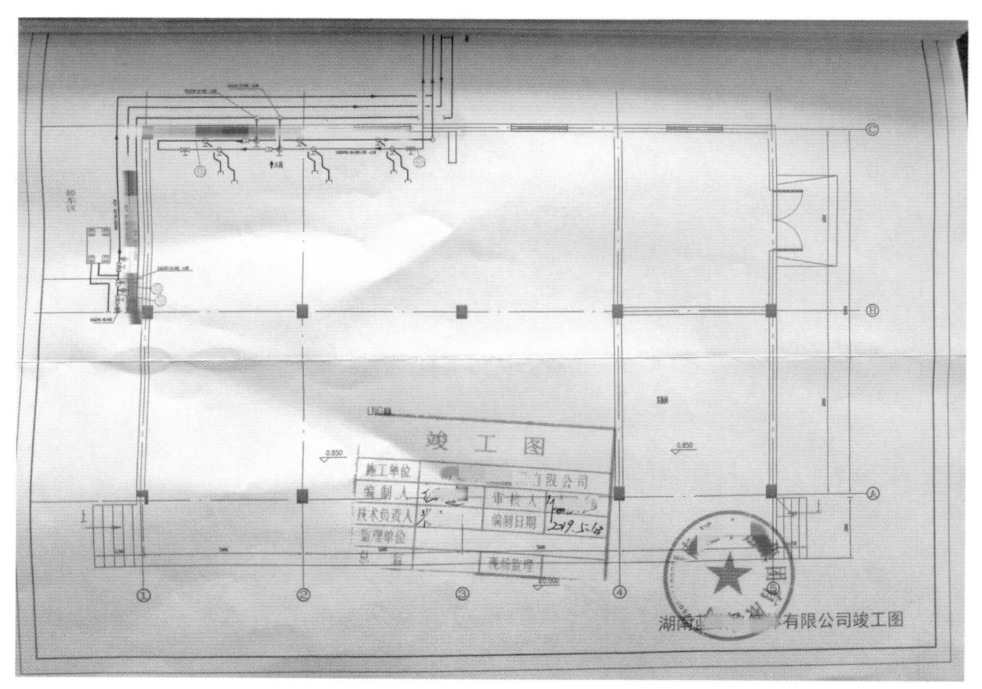

竣工图

检查压力管道安装、改造和重大修理是否进行过程监督检验。

安装、改造和重大修理的压力管道按照《压力管道监督检验规则》（TSG D7006—2020）实施监督检验，其中改造或者重大修理（应急抢修的管道施工过程除外）是指一次性更换相同介质的管道总长度大于100m的过程。

压力管道改造，是指改变管道规格、材质、结构布置或者改变管道介质、压力、温度等工作参数，致使管道性能参数或者管道结构发生变化的活动。

压力管道重大修理，是指对管道采用焊接方法更换管段以及阀门、管子矫形、受压部件焊补、带压密封和带压封堵等。

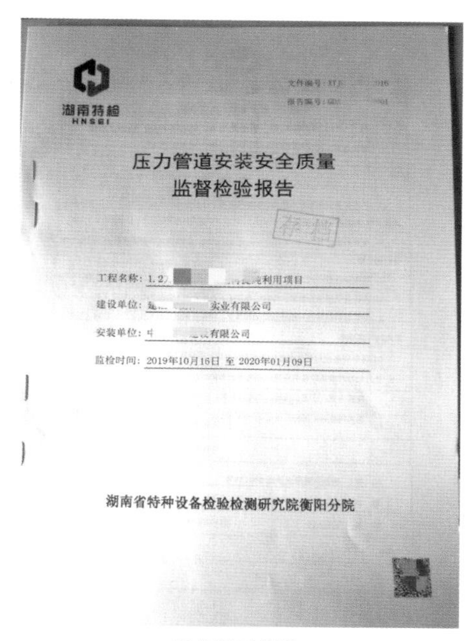

湖南特检
HNSEI

压力管道安装安全质量
监督检验报告

存档

建设单位：　实业有限公司

安装单位：　有限公司

监检时间：2019年10月16日 至 2020年01月09日

湖南省特种设备检验检测研究院衡阳分院

监督检验报告

3.2.5 对压力管道使用的监察

检查使用单位是否设置安全管理机构或配备专兼职管理人员，是否按规定建立安全管理制度和岗位安全责任制度，是否制定事故应急专项预案并有演练记录。

检查使用单位是否建立压力管道档案，档案是否齐全，保管是否良好，是否按规定进行日常维护并有记录，是否有运行、检修和日常巡检记录。

检查使用单位安全管理人员是否按规定具有有效证件。

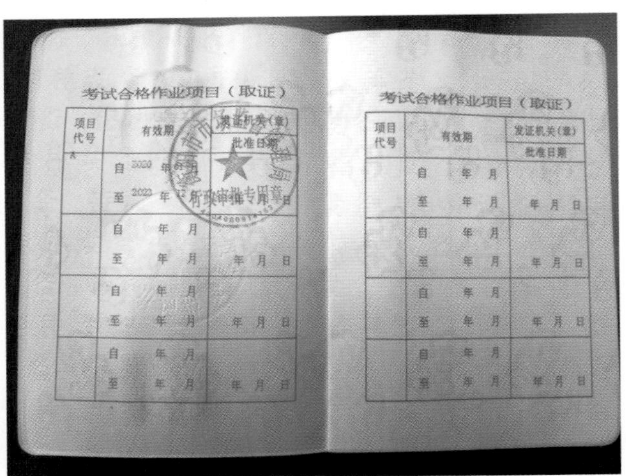

安全管理和作业人员证

检查压力管道安全附件及安全保护装置是否有效，是否在检定有效期内。

压力表

检查压力管道运行是否正常，是否符合法律法规要求。

检查压力管道的年度检查和定期检验报告是否合格，是否在有效期内。

1. 年度检查

即定期自行检查，是指使用单位在管道运行条件下，对管道是否有影响安全运行的异常情况进行检查，每年至少进行1次。使用单位应当制定年度检查管理制度。年度检查工作可以由使用单位安全管理人员组织经过专业培训的人员进行，也可以委托具有工业管道定期检验资质的检验机构进行。自行实施年度检查时，应当配备必要的检验器具、设备。使用单位未安排年度检查的，检验机构应当适当缩短定期检验周期。

2. 定期检验

检验程序：包括检验方案制定、检验前的准备、检验实施、缺陷以及问题的处理、检验结果汇总、出具检验报告等。

资质要求：检验机构应当按照核准的检验范围从事压力管道的定期检验工作，检验和检测人员（以下简称检验人员）应当取得相应的特种设备检验检测人员证书。检验机构应当对压力容器定期检验报告的真实性、准确性、有效性负责。

报检要求：使用单位应当在压力容器定期检验有效期届满的1个月以前向检验机构申报定期检验。检验机构接到定期检验申报后，应当在定期检验有效期届满前安排检验。

3. 检验周期

采用内检测、外检测方法进行检验的管道，其检验周期最长不能超过预测的管道剩余寿命的一半，且不宜超过6年。

采用耐压（压力）试验法进行检验的管道，其检验周期最长不超过3年。[压力管道定期检验规则——长输管道（征求意见稿）]

（1）工业管道检验周期

管道一般在投入使用后 3 年内进行首次定期检验。以后的检验周期由检验机构根据管道安全状况等级，按照以下要求确定： 安全状况等级为1级、2级的，GC1、GC2级管道一般不超过6年检验一次，GC3 级管道不超过 9 年检验一次；安全状况等级为3级的，一般不超过3年检验一次，在使用期间内，使用单位应当对管道采取有效的监控措施；安全状况等级为4级的，使用单位应当对管道缺陷进行处理，否则不得继续使用。

（2）公用管道检验周期

对GB1—Ⅲ级次高压燃气管道，应当结合全面检验结果和合于使用评价结果，确定管道下一次全面检验日期，其全面检验周期不能大于下表的规定，并且最长不能超过预测的管道剩余寿命的一半。除GB1—Ⅲ级次高压燃气管道外的其他管道，应当结合全面检验结果确定管道下一全面检验日期，其检验周期不能大于下表的规定。

全面检验最大时间间隔

管道级别	GB1—Ⅲ级次高压燃气管道	GB1—Ⅳ级次高压燃气管道、中压燃气管道、GB2级管道
最大时间间隔（年）	8	12

注1：以PE管或者铸铁管为管道材料的管道全面检验周期不超过15年；

注2：对于风险评估结果表明风险值较低的管道，经使用单位申请，负责使用登记的机关同意，全面检验周期可适当延长。

（3）长输管道检验周期

首次定期检验应当在管道投用后3年内进行，以后的定期检验周期由检验机构确定。

3.2.6 对压力管道检验、检测的监察

检查压力管道检验检测机构、型式试验机构是否在核准的有效期内，是否超核准范围检验检测。

压力管道检验检测，包括对压力管道元件制造过程和压力管道安装、改造、重大维修（修理）过程进行的监督检验；对在用压力管道进行的定期检验；对压力管道元件的型式试验；对压力管道元件进行的无损检测等活动。

压力管道检验分7个核准项目，即：长输（油气）管道监督检验（DJ1）、定期检验（DD1）；公用管道监督检验（DJ2）、定期检验（DD2）；工业管道监督检验（DJ3）、定期检验（DD3）；管道元件监督检验（DJ4）。

无损检测分5个核准项目，即：常规检测（CG）含射线照相检测（RT）、超声检测（UT）、磁粉检测（MT）、渗透检测（PT）；涡流检测（ECT）；衍射时差法超声检测（TOFD）；漏磁检测（MFL）；声发射检测（AE）。

压力管道元件型式试验分9个核准项目，即：压力管道用钢管[输送石油、

天然气用并且外径大于或者等于200mm的钢管，大口径无缝钢管（公称直径大于或者等于200mm），锅炉压力容器、气瓶、低温管道用无缝钢管]，核准项目代码DGX；压力管道用管件及其他元件（有缝管件、无缝管件）核准项目代码DYX；井口装置和采油树、油管、套管，核准项目代码DTX；压力管道用非金属管与管件[聚乙烯（PE）管材与管件、金属增强型PE复合管材、PE原料；聚乙烯（PE）阀门]，核准项目代码DJX；压力管道用阀门[通用阀门（注明结构型式和规格），低温阀门，调压阀，井口装置和采油树用阀门]，核准项目代码DFX；压力管道用膨胀节[波纹管膨胀节，金属软管，其他型式补偿器（注明结构型式和规格）]，核准项目代码DBX；压力管道用密封元件，核准项目代码DMX；压力管道用防腐元件，核准项目代码DSX；锅炉压力容器压力管道安全附件[安全阀（注明结构型式和规格）；紧急切断阀；爆破片]，核准项目代码GFX。

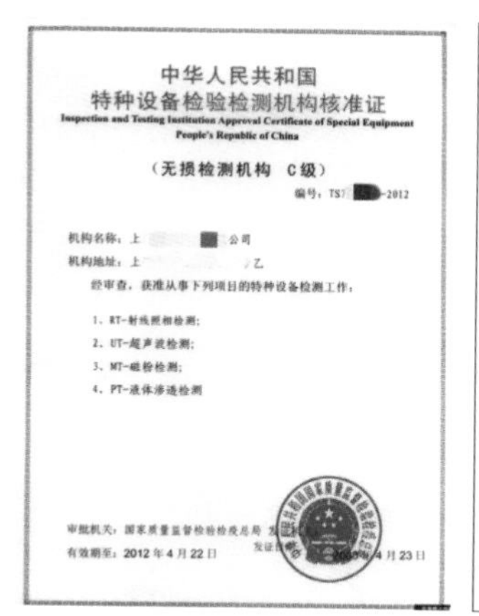
中华人民共和国
特种设备检验检测机构核准证
Inspection and Testing Institution Approval Certificate of Special Equipment
People's Republic of China

（无损检测机构 C级）

编号：TS7 -2012

机构名称：上 公司
机构地址：上 乙

经审查，获准从事下列项目的特种设备检测工作：

1、RT-射线照相检测；
2、UT-超声波检测；
3、MT-磁粉检测；
4、PT-液体渗透检测

审批机关：国家质量监督检验检疫总局
有效期至：2012年4月22日

无损检测机构核准证

特种设备型式试验证书
（压力管道元件）

证书编号：TSX 7 9

制造单位：无 限公司
单位地址：无 ）
设备类别：碳素钢无缝钢管
产品名称：20G无缝钢管
产品型号：Φ76mm×4mm
型式试验报告编号：No.C2010-02-048

经型式试验，确认符合GB 5310-2008《高压锅炉用无缝钢管》的要求，本证覆盖以下型号规格产品：

符合GB 5310-2008中的要求，在DN≤125组距中，规格不大于Φ76.00mm的碳素钢无缝钢管。

国家石油钻采炼化设备质量监督检验中心
2010年5月12日

型式试验证书

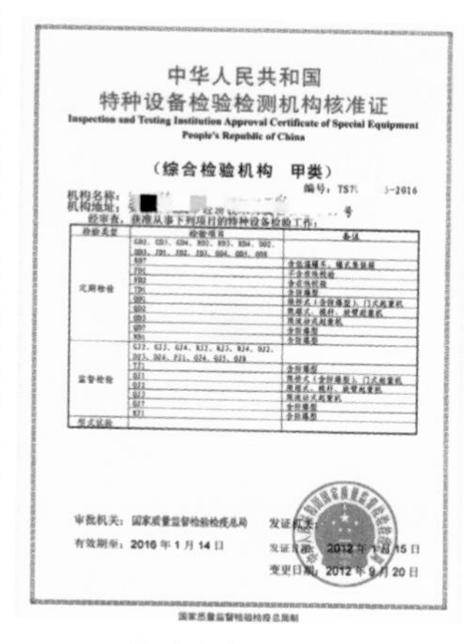
中华人民共和国
特种设备检验检测机构核准证
Inspection and Testing Institution Approval Certificate of Special Equipment
People's Republic of China

（综合检验机构 甲类）

编号：TS7 -2016

机构名称：
机构地址： 号

经审查，获准从事下列项目的特种设备检验工作：

审批机关：国家质量监督检验检疫总局
有效期至：2016年1月14日
发证日期：2012年 月15日
变更日期：2012年 月20日

国家质量监督检验检疫总局制

检验机构核准证

检查压力管道检验检测人员是否持证检验，是否超范围检验检测。

按照检验检测行业管理的要求，检验检测人员在取得特种设备检验检测人员证后，需其执业单位向中国特种设备检验协会办理注册手续后，方能合法执业。未经注册的特种设备检验检测人员不能代表其执业单位出具检验检测报告，检验检测人员不能同时在两个及以上机构执业。

压力管道检验人员分为检验员（检验除GC1以外的工业管道、公用管道，代号GD—1/2）、检验师（各种管道，代号GS）。

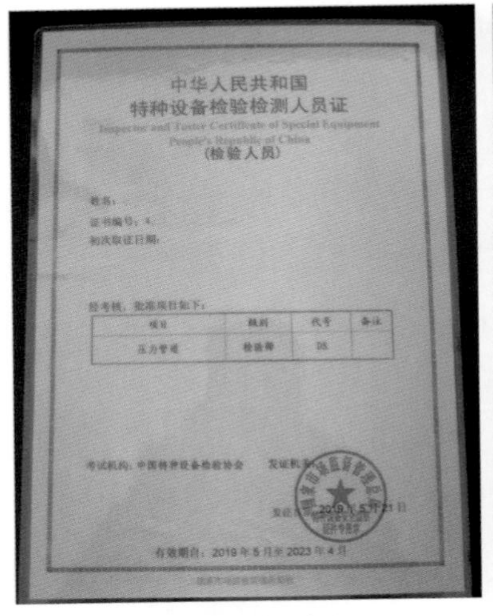
中华人民共和国
特种设备检验检测人员证
Inspector and Tester Certificate of Special Equipment
People's Republic of China
（检验人员）

姓名：
证书编号：
初次取证日期：

经考核，批准项目如下：

项目	级别	代号	备注
压力管道	检验师	DS	

考试机构：中国特种设备检验协会　发证机关：

有效期自：2019年5月至2023年4月

压力管道检验师证

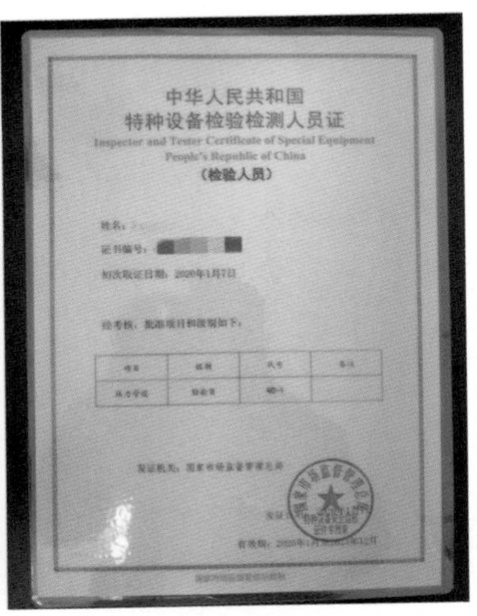
中华人民共和国
特种设备检验检测人员证
Inspector and Tester Certificate of Special Equipment
People's Republic of China
（检验人员）

姓名：
证书编号：
初次取证日期：2020年1月7日

经考核，批准项目和级别如下：

发证机关：国家市场监督管理总局

压力管道检验员证

3.3　压力管道使用安全管理

3.3.1　压力管道使用单位应遵守的法律法规和安全管理基本要求

3.3.1.1　压力管道使用单位应遵守的法律法规

《中华人民共和国特种设备安全法》《中华人民共和国安全生产法》《中华人民共和国石油天然气管道保护法》《中华人民共和国节约能源法》《特种设备安全监察条例》《城镇燃气管理条例》《特种设备作业人员监督管理办法》（国家质量监督检验检疫总局令第140号）《特种设备作业人员考核规则》（TSG Z6001—2019）《压力管道安全技术监察规程——工业管道》（TSG D0001—2009）《特种设备使用管理规则》（TSG 08—2017）……

不涉及公共安全的个人（家庭）自用的压力管道不属于《特种设备使用管理规则》管辖范围。长输管道、公用管道使用管理的相关规定另行制定。

3.3.1.2　压力管道使用单位安全管理基本要求

压力管道使用单位承担本单位压力管道的安全的主体责任，负责本单位压力管道的安全工作，保证压力管道的安全使用，对压力管道的安全性能负责。基本要求如下：

（1）使用单位应当建立并且有效实施压力管道安全管理制度和节能管理制度，以及制定压力管道工艺操作规程和岗位操作规程，并明确提出管道的安全操作要求。

（2）采购、使用取得生产许可（含设计、制造、安装、改造、修理），并且经检验合格的压力管道，不得采购超过设计使用年限的管道，禁止使用国家明令淘汰和已经报废的管道及管道元件。

（3）设置压力管道安全管理机构，配备相应的安全管理人员和作业人员，建立人员管理台账，开展安全与节能培训教育，保存人员培训记录。

（4）办理压力管道使用登记，领取特种设备使用登记证，不得无证使用，设备注销时应交回使用登记证。

（5）建立压力管道台账及技术档案。

（6）对压力管道作业人员作业情况进行检查，及时纠止违章作业行为。

（7）对压力管道进行经常性维护保养和定期自行检查，及时排查和消除事故隐患，对压力管道的安全附件、安全保护装置及其附属仪器仪表进行定期校验（检定、校准）、检修，制订年度定期检验计划及组织实施的方法、在线检验的组织实施方法。在压力管道定期检验合格有效期届满前1个月，向检验检测机构提出定期检验申请，并提供相应技术资料和条件准备，并且做好相关配合工作。

（8）制定压力管道事故应急专项预案，定期进行应急演练；发生事故时，应当按照《特种设备事故报告和调查处理规定》及时向特种设备安全监管部门报告，配合事故调查处理等。

（9）保证压力管道安全、节能的必要投入。

（10）新压力管道投入使用前，使用单位应当核对是否具有相关规程要求的安装质量证明文件。

（11）对在用管道的故障、异常情况，使用单位应当查明原因，对故障、异常情况和检查、定期检验中发现的安全隐患或缺陷，使用单位应当及时采取措施，消除安全隐患后，方可重新投入使用。

（12）对存在严重安全隐患，不能达到合乎使用要求的管道，使用单位应当及时予以报废。

（13）使用单位应当对停用或者报废的管道采取必要的安全措施。

3.3.1.3 人员配备

按市场监管总局关于特种设备行政许可有关事项的公告（2019年第3号）附件2的规定，取消原规定中压力管道相关的锅炉压力容器压力管道安全管理A3、压力管道巡检维护D1、带压封堵D2、带压密封D3等作业人员证件，增加特种设备安全管理A的作业项目来管理特种设备。

使用单位主要负责人、安全管理负责人、安全管理机构（或专、兼职安全管理员）及压力管道使用部门组成的管理体系图如下：

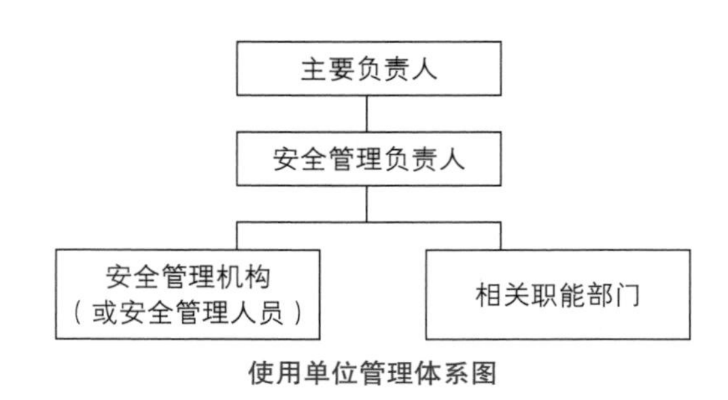

使用单位管理体系图

（1）主要负责人

主要负责人是指压力管道使用单位实际最高管理者，对其单位所使用的压力管道安全负总责，压力管道使用单位的主要负责人是指在本单位的日常生产、经营和使用特种设备的活动中具有决策权的领导人员，包括法人代表以及其他主要的领导和管理人员。

（2）安全管理负责人

特种设备使用单位应当配备安全管理负责人。特种设备安全管理负责人是指使用单位最高管理层中主管本单位特种设备使用安全管理的人员。按照本规则要求设置安全管理机构的使用单位安全管理负责人，应当取得相应的特种设备安全管理人员资格证书。

（3）安全管理员

特种设备安全管理员是指具体负责特种设备使用安全管理的人员，特种设备使用单位应当根据本单位特种设备的数量、特性等配备适当数量的安全管理员，使用10km以上（含10km）工业管道应当配备专职安全管理员，并取得相应的特种设备安全管理人员资格证书；除此之外，使用单位可以配备兼职安全管理员，也可以委托具有特种设备安全管理人员资格的人员负责使用管理，但是特种设备安全使用的责任主体仍然是使用单位。

3.3.1.4 安全技术档案、管理制度和操作规程

（1）使用单位应建立压力管道安全技术档案并保存至设备报废，应包括以下内容：

1）压力管道使用登记证；

2）特种设备使用登记表；

3）压力管道设计、安装、改造和修理的方案、管道单线图（轴测图）、材料质量证明书和施工质量证明文件、安装改造修理监督检验报告、验收报告等技术资料；

4）压力管道定期自行检查记录（报告）和定期检验报告；

5）压力管道日常使用状况记录；

6）压力管道及其附属仪器仪表维护保养记录；

7）压力管道安全附件和安全保护装置校验、检修、更换记录和有关报告；

8）压力管道运行故障和事故记录及事故处理报告。

（2）压力管道管理制度至少包括以下内容：

1）压力管道安全管理机构（需要设置时）和相关人员岗位职责；

2）压力管道经常性维护保养、定期自行检查和有关记录制度；

3）压力管道使用登记、定期检验申请实施管理制度；

4）压力管道隐患排查治理制度；

5）压力管道安全管理人员管理和培训制度；

6）压力管道元件采购、安装、改造、修理、报废等管理制度；

7）压力管道应急救援管理制度；

8）压力管道事故报告和处理制度。

（3）使用单位应当根据压力管道运行特点等，制定操作规程。操作规程一般包括压力管道运行参数、操作程序和方法、维护保养要求、安全注意事项、巡回检查和异常情况处置规定，以及相应记录等。主要内容如下：

1）操作工艺控制指标，包括最高工作压力、最高或最低操作温度、压力及温度波动控制范围；

2）介质成分，尤其是腐蚀性或爆炸极限等介质成分的控制值；

3）管道操作方法，包括开停车的操作程序和有关注意事项；

4）运行中重点检查的部位和项目；

5）运行中可能出现的异常现象的判断和处理办法、报告程序和防范措施；

6）停用时的封存和保养方法；

7）确保安全附件灵敏可靠的要求等。

3.3.1.5 维护保养与巡回检查

（1）经常性维护保养

使用单位应当根据压力管道特点和使用状况对特种设备进行经常性维护保养，维护保养应当符合有关安全技术规范和产品使用维护保养说明的要求。对发现的异常情况及时处理，并且作出记录，保证在用压力管道始终处于正常使用状态。维护保养的主要内容有：

1）经常检查压力管道的防腐措施，保证其完好无损，要避免对管道表面不必要的碰撞，保持管道表面的光洁，减少各种电离、化学腐蚀；

2）对高温管道，在开工升温过程中需对管道法兰连接螺栓进行热紧。对低温管道，在降温过程中需进行冷态紧固。检查高温管道的保温、低温管道的保冷效果是否良好，有破损的及时修复；

3）阀门的操作机构要经常除锈上油，定期进行活动，保证其开关灵活，且无泄漏等情况；

4）要定期检查紧固螺栓完好状况，做到齐全、不锈蚀、丝扣完整，连接可靠；

5）压力管道因外界因素产生较大振动时，应采取隔断振源、加强支承等减振措施，发现摩擦等情况应及时采取措施；

6）静电跨接、接地装置要保持良好完整，测量电阻值是否符合标准要求；

7）停用的压力管道应排除内部的腐蚀性介质，并进行置换、清洗和干燥，必要时做惰性气体保护，外表面应涂刷防腐油漆，防止环境因素腐蚀。对有保温层的管道要注意保温层下的防腐和支座处的防腐；

8）禁止将管道及支架作电焊的零线和起重工具的锚点、撬抬重物的支撑点；

9）及时消除各个位置的跑、冒、滴、漏；

10）管道的底部和弯曲处是系统的薄弱环节，这些地方最易发生腐蚀和磨损，因此必须经常对这些部位进行检查，必要时进行壁厚测量，以便在发生某种损坏之前，采取修理和更换措施；

11）安全阀、压力表要经常擦拭，确保其灵活、准确，并按时进行检查和校验；

12）紧急切断装置应每隔一段时间进行保养并动作调试，保证其灵敏可靠。

（2）管道运行的巡回检查

为保证压力管道的安全运行，使用单位应当根据所使用压力管道的类别、品种和特性进行巡回检查，制定严格的压力管道巡回检查制度，要明确检查人员、检查时间、检查部位、应检查的项目，操作人员和维修人员均要按照各自的责任和要求定期按巡回检查路线完成每个部位、每个项目的检查，并做好巡回检查记录。巡回检查的主要内容有：

1）压力管道各项工艺操作指标参数、运行情况、系统的平稳情况；

2）管道接头、阀门及各管件密封无泄漏情况；

3）防腐层、保温层是否完好；

4）管道振动情况；

5）管道支吊架的紧周、腐蚀和支承情况，管架、基础完好状况；

6）管道之间、管道与相邻构件的摩擦情况；

7）阀门等操作机构润滑是否良好；

8）安全阀、压力表、爆破片、紧急切断装置等安全保护装置运行状况；

9）静电跨接、静电接地、抗腐蚀阴阳极保护装置的运行、完好状况；

10）有无第三方施工影响管道安全；

11）管道线路的里程桩、标志桩、转角桩情况是否完好；

12）其他缺陷等。

（3）应特别加强巡回检查的管道

1）生产流程重要部位的压力管道，如加热炉出口、塔底部、反应器底部、高温高压机泵、压缩机的进出口等处的压力管道；

2）穿越公路、桥梁、铁路、河流、居民点的压力管道；

3）城市公用管道上违章修筑的建筑物、构筑物和堆放物的压力管道；

4）输送易燃、易爆、有毒和腐蚀性介质的压力管道；

5）工作条件苛刻的管道、存在交变载荷的压力管道；

6）环境敏感区、城乡规划区的压力管道；

7）军事禁区、飞机场、铁路及汽车客运站、海（河）港码头的压力管道；

8）高压直流换流站接地极、变电站等强干扰区域的压力管道；

9）人员密集处的压力管道。

在巡回检查中当遇有下列情况时，应立即采取紧急措施并且按照规定程序向安全管理人员和有关负责人报告，查明原因，并及时采取有效措施，必要时停止管道运行，安排检验、检测，不得带病运行、冒险作业，待故障、异常情况消除后方可继续使用。

1）介质压力、温度超过材料允许的使用范围且采取措施后仍不见效；

2）管道及管件发生裂纹、鼓瘪、变形、泄露或异常振动、声响等；

3）安全保护装置失效；

4）发生火灾等事故且直接威胁正常安全运行；

5）发生有毒气体泄漏直接破坏环境及危及人身安全；

6）压力管道的阀门及监控装置失灵，危及安全运行。

3.3.1.6 使用登记

压力管道实行使用登记管理制度，对符合使用要求的工业管道发放使用登记证。压力管道使用登记证样式如下图：

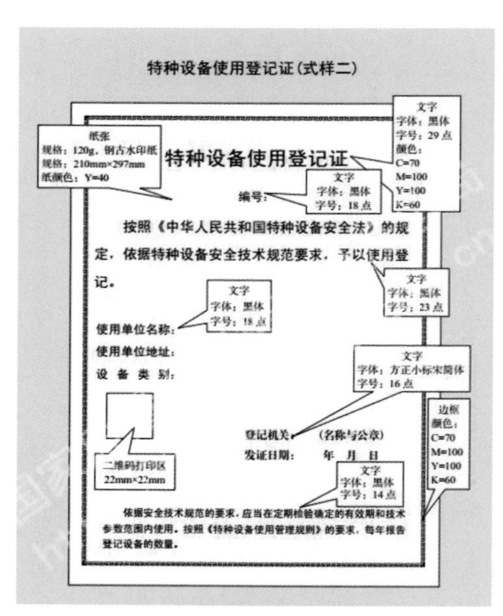

压力管道使用登记证

1. 压力管道使用登记的范围

压力管道界定为：管道与设备焊接连接的第一道环向焊缝；螺纹连接的第一个接头；法兰连接的第一个法兰密封面；专用连接件的第一个密封面。使用登记按《特种设备使用管理规则》（TSG 08—2017）规定。

（1）一般要求

1）压力管道在投入使用前或者投入使用后30日内，使用单位应当向特种设备所在地的直辖市或者设区的市的特种设备安全监管部门申请办理使用登记，办理使用登记的直辖市或者设区的市的特种设备安全监管部门，可以委托其下一级特种设备安全监管部门（以下简称登记机关）办理使用登记。

2）国家明令淘汰或者已经报废的压力管道，不符合安全性能或者能效指标要求的压力管道，不予办理使用登记。

3）锅炉与用热设备之间的连接管道总长小于或者等于1000m时，压力管道随锅炉一同办理使用登记；亦即是说，该锅炉及其相连接的管道可由持有锅炉安装许可证的单位一并进行安装，由具备相应资质的安装监检机构一并实施安装监督检验。管道总长超过1000m时，与锅炉连接的管道必须由持有压力管道安装许可证的单位进行安装，并单独办理压力管道使用登记。包含压力容器的撬装式承压设备系统或者机械设备系统中的压力管道可以随其压力容器一同办理使用登记。

2. 登记方式

工业管道以使用单位为对象办理使用登记，即一个使用单位发一个使用登记证书。应当向登记机关提交以下相应资料，并且对其真实性负责：①使用登记表（一式两份）；②含有使用单位统一社会信用代码的证明；③压力管道应当提供安装监督检验证明，达到定期检验周期的压力管道还应当提供定期检验证明；未进行安装监督检验的，应当提供定期检验证明；④《压力管道基本信息汇总表——工业管道》。

特种设备使用登记表（式样三）

登记类别：

设备基本情况	设备类别		设备品种	
	产品名称		设备数量	
设备使用情况	使用单位名称			
	使用单位地址			
	设备使用地点		单位固定电话	
	使用单位统一社会信用代码		邮政编码	
	安全管理员		移动电话	

在此申明：所申报的内容真实；在使用过程中，将严格执行《中华人民共和国特种设备安全法》及相关规定，并且接受特种设备安全监督管理部门的监督管理。

附：压力管道（气瓶）基本信息汇总表

使用单位填表人员：　　　　日期：

使用单位安全管理人员：　　　　日期：　　　　（使用单位公章）年　月　日

说明：

登记机关登记人员：　　　　日期：

使用登记证编号：　　　　（登记机关专用章）年　月　日

注：本式样适用于按使用单位登记的特种设备。

特种设备使用登记表

压力管道基本信息汇总表——工业管道

使用单位（加盖使用单位公章）：　　　　使用单位地址：

工程（装置）名称：　　　　安全管理部门：　　　　安全管理员：

共　页　第　页

序号	管道名称（登记单元）	管道编号	管道级别	设计单位	安装单位	安装年月	投用年月	管道规格			设计/工作条件			检验结论	检验机构名称	下次检验日期	备注
								公称直径（mm）	公称壁厚（mm）	管道长度（m）	压力（MPa）	温度（℃）	介质				
1																	
2																	
3																	
4																	
5																	
6																	
7																	
8																	
9																	
10																	

填表日期：　　　　经办人：　　　　联系电话：　　　　电子邮箱：

工业管道基本信息汇总表

3. 达到设计使用年限的压力管道

压力管道达到设计使用年限，使用单位认为可以继续使用的，应当按照安全技术规范及相关产品标准的要求，经检验或者安全评估合格，由使用单位安全管理负责人同意、主要负责人批准，办理使用登记变更后，方可继续使用。允许继续使用的，应当采取加强检验、检测和维护保养等措施，确保使用安全。

4. 停用

压力管道拟停用 1年以上的，使用单位应当采取有效的保护措施，并且设置停用标志，在停用后30日内填写《特种设备停用报废注销登记表》，告知登记机关。重新启用时，使用单位应当进行自行检查，到使用登记机关办理启用手续；超过定期检验有效期的，应当按照定期检验的有关要求进行检验。

5. 报废

对存在严重事故隐患，无改造、修理价值的压力管道，或者达到安全技术规范规定的报废期限的，应当及时予以报废，产权单位应当采取必要措施消除该压力管道的使用功能。压力管道报废时，按台（套）登记的特种设备应当办理报废手续，填写特种设备停用报废注销登记表，向登记机关办理报废手续，并且将使用登记证交回登记机关。

特种设备停用报废注销登记表

申报种类：□停用 □报废 □注销　共　台

使用单位名称						
使用单位地址						
安全管理员			安全管理员联系电话			
产权单位			产权单位联系电话			
序号	设备品种（名称）	使用登记证编号	设备代码	设备使用地点	产品编号	停用报废注销原因
使用单位意见： （使用单位公章） 年　月　日				产权单位意见： （产权单位公章） 年　月　日		
登记机关意见： 登记机关登记人员： （登记机关专用章） 年　月　日						

注：此表一式两份，登记机关和使用单位各存一份；同时提供设备的使用登记表和使用登记证、场（厂）内专用机动车辆还需携带车牌；设备台数较多时，可另行附表说明。

特种设备停用报废注销登记表

6. 长输管道、公用管道使用登记

按原国家质检总局办公厅《关于压力管道气瓶安全监察工作有关问题的通知》（质检办特〔2015〕675号）的规定长输管道、公用管道暂停办理使用登记。

7. 压力管道运行和控制

（1）操作压力和温度的控制

使用压力和使用温度是管道设计、选材、制造和安装的重要依据。只有

严格按照压力管道安全操作规程中规定的控制操作压力和操作温度运行，才能保证管道的使用安全。在运行过程中，操作人员应严格控制工艺指标，加载和卸载的速度不要过快。高温或低温（－20℃以下）条件下工作的管道，加热或冷却应缓慢进行。管道运行时应尽量避免压力和温度的大幅度波动，尽量减少管道的开停次数。当工业管道操作工况超过设计条件时，应当符合GB/T 20801关于允许超压的规定：GC1级管道压力和温度不得超出设计范围；对同时满足第1～8 条要求的GC2和GC3级管道，其压力和温度允许的变动应符合第9 条的规定：

1）管道系统中没有铸铁或其他脆性金属材料的管道组成件；

2）由压力产生的管道名义应力应不超过材料在相应温度下的屈服强度；

3）轴向总应力应符合GB/T 20801.3—2006中7.3.2的规定；

4）管道系统预期寿命内，超过设计条件的压力和温度变化的总次数应不大于1000次；

5）持续和周期性变动不得改变管道系统中所有管道组成件的操作安全性能；

6）压力变动的上限值不得大于管道系统的试验压力；

7）温度变动的下限值不得小于GB/T 20801.2—2006规定的材料最低使用温度；

8）鉴于压力变动超过阀门额定值可能导致阀座的密封失效或操作困难，阀门闭合元件的压力差不宜超过阀门制造商规定的最大额定压力差；

9）压力超过相应温度下的压力额定值或由压力产生的管道名义应力超过材料许用应力值的幅度和频率应满足下列条件之一：

①变动幅度不大于33%，每次变动时间不超过10 h，且每年累计变动时间不超过100 h；

②变动幅度不大于20%，每次变动时间不超过50 h，且每年累计变动时间不超过500 h。

（2）交变载荷的控制

在反复交变载荷的作用下，管道将产生疲劳破坏。压力管道的疲劳破坏主要是属于金属的低周疲劳，其特点是应力较大而交变频率较低。在几何结构不连续的地方和焊缝附近存在应力集中，有的可能达到和超过材料的屈服极限。这些应力如果交变地加载与卸载，将会使受力最大的晶粒产生塑变并逐渐发展为细微的裂纹。随着应力周期变化，裂纹将逐步扩展，最后导致破坏。管道交变应力产生的原因主要有：

1）因间断输送介质而对管道反复地加压和卸压、升温和降温；

2）运行中压力波动较大；

3）运行中温度发生周期性变化，产生管壁温度应力的反复变化；

4）因其他设备、支撑的交变外力和受迫振动。

所以为了防止管道的疲劳破坏，就应尽量避免不必要的频繁加压和卸压，避免过大的压力、温度波动，力求平稳操作。

（3）腐蚀介质含量控制

在用压力管道对腐蚀介质含量及工况应有严格的工艺指标进行监控。压力管道介质成分的控制是压力管道运行控制的极为重要的内容之一。对于介质超标等违反工艺规程、操作规程的行为，使用单位必须作出明确规定，加以坚决制止。如：奥氏体不锈钢管道应控制介质氯离子含量、铜管道应控制铵离子含量。

3.3.2 压力管道安全运行常见隐患

（1）管道安全管理情况排查：

1）安全管理制度和操作规程不齐全或无效，安全管理制度和操作规程不符合规范要求，安全管理制度和操作规程未得到有效实施；

2）相关安全技术规范规定的设计文件、安装竣工图、质量证明文件、监督检验证书以及安装、改造、修理资料不完整；

3）安全管理人员未持证上岗；

4）日常维护、运行记录、定期安全检查记录不符合要求；

5）年度检查、定期检验报告不齐全，检查、检验报告中所提出的问题未得到解决；

6）安全附件与仪表校验（检定）、修理和更换记录是否齐全；

7）没有按照相关要求制定应急预案，且无演练记录；

8）没有对事故、故障以及处理情况进行记录。

（2）管道漆色、标志等不符合相关规定。

漆色不符合规定

气相管道未做标志

（3）支吊架安装不符合要求、脱落、变形、腐蚀、损坏。

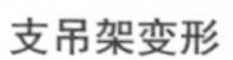

支吊架变形

支吊架安装不符合要求

（4）阀门泄漏，表面有腐蚀，阀体表面裂纹、严重缩孔、连接螺栓松动、缺失。

螺栓缺失

阀门泄漏

（5）法兰有偏口以及异常翘曲、变形、泄漏，紧固件不齐全、有松动情况。

法兰腐蚀泄漏

紧固件未按规范安装

螺栓不符合要求

法兰密封面泄漏后带压堵漏

（6）膨胀节划痕、凹痕、腐蚀穿孔、开裂以及变形、脱落。

膨胀节变形

（7）对有阴极保护装置的管道，保护装置是否完好。

阴极保护测试桩

阴极保护连接线脱落

（8）管道隔热层破损、脱落、跑冷以及防腐层破损等情况。

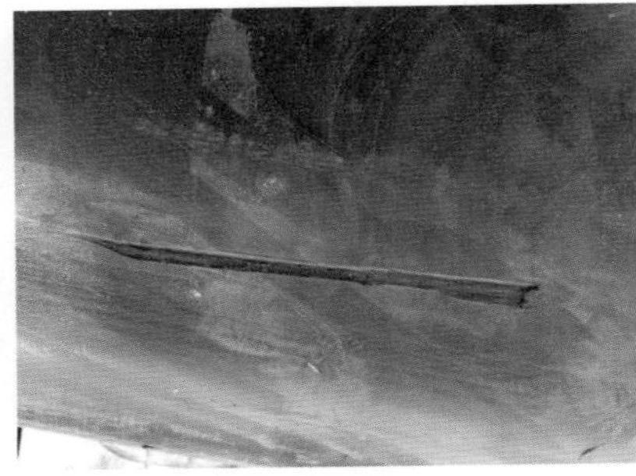

防腐层破损

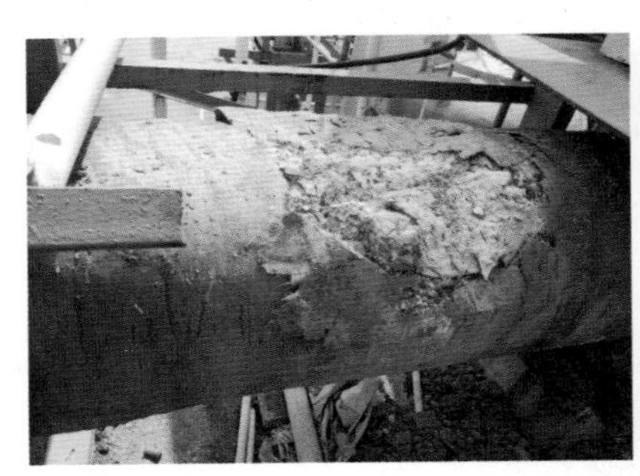

隔热层破损

（9）管道组成件腐蚀、变形、泄漏、损伤等缺陷。

腐蚀

腐蚀坑

穿孔

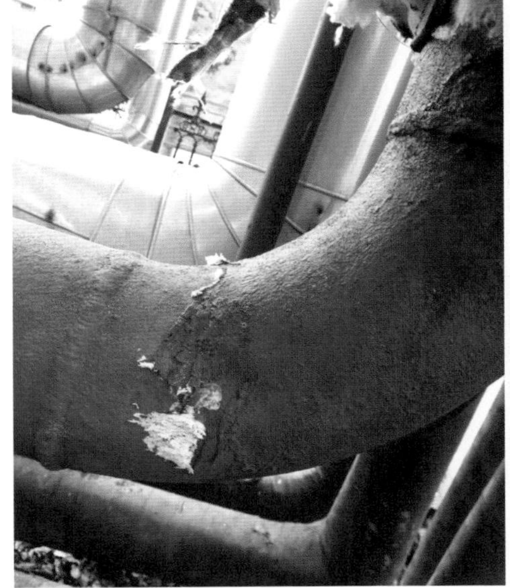

碰伤

扭曲变形

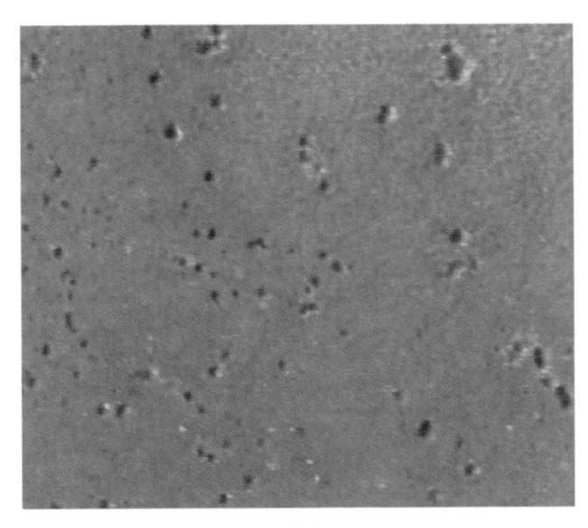

点蚀

第三方破坏

（10）焊缝布置及焊接缺陷。

“承插焊”

“十”字接头

“私自”挖补

“私自”补焊

焊缝间距过小

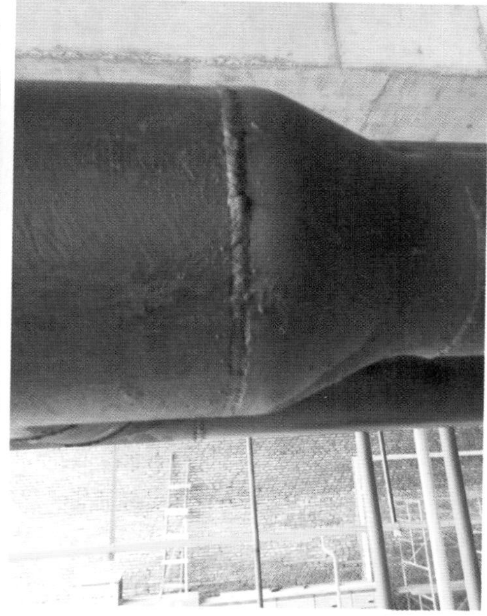

未焊满

（11）阀门井缺失、破损，阀门井积水。

阀门井盖破损

阀门井积水

（12）标志桩缺失、损坏。

标志桩缺失

标志桩损坏

（13）管道埋深不符合标准要求。

管道埋深不符合标准要求

（14）安全阀选型错误、安全阀未校验或者整定压力不符合管道的运行要求。如果安全阀和排放口之间设置了截断阀，截断阀未处于全开位置，安全阀泄漏，放空管不通畅，防雨帽脱落。

防雨帽脱落

（15）爆破片超过产品说明书规定的使用期限；爆破片安装方向错误，产品铭牌上的爆破压力和温度不符合运行要求；爆破片装置有渗漏；与爆破片夹持器相连的放空管不通畅；爆破片装置和管道间设置截断阀的，截断阀未处于全开状态。

紧急切断阀存在铭牌内容不符合要求
或者阀体泄漏、紧急切断阀动作异常

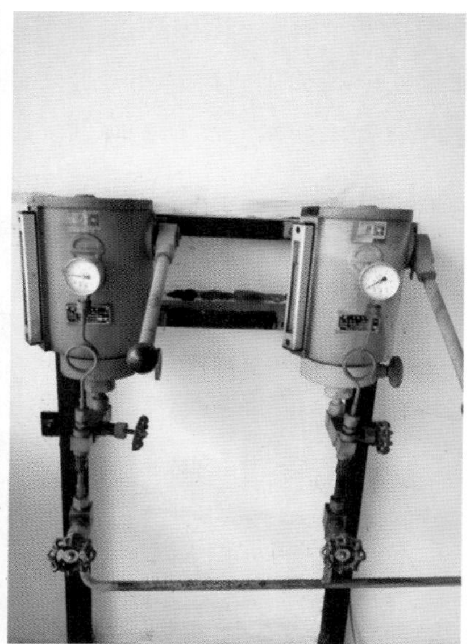

紧急切断装置

（16）压力表选型错误、表盘封面玻璃破裂、表盘刻度模糊不清、封签损坏、超过检定有效期限、弹簧管泄漏、指针松动或者扭曲、外壳腐蚀严重、三通旋塞或者针形阀开启标记不清以及锁紧装置损坏等情况。测温仪表超过规定的校验、检修期限，仪表及其防护装置破损或者仪表量程选择错误等情况。

压力表玻璃破裂

压力表玻璃脱落

第4章　电梯

4.1　电梯的定义、分类、结构

电梯的定义：电梯是指动力驱动，利用沿刚性导轨运行的箱体或者沿固定线路运行的梯级（踏步），进行升降或者平行运送人、货物的机电设备，非公共场所安装且仅供单一家庭使用的电梯除外。

4.1.1 分类

根据《特种设备目录》，电梯可分为曳引驱动电梯（曳引驱动乘客电梯、曳引驱动载货电梯）与强制驱动电梯（强制驱动载货电梯）、液压驱动电梯、自动扶梯与自动人行道、其他类型电梯（防爆电梯、消防员电梯、杂物电梯）。

乘客电梯

载货电梯

液压电梯

杂物电梯

自动扶梯

自动人行道

4.1.2 基本结构

4.1.2.1 曳引驱动电梯

一般曳引驱动电梯的结构包括：四大空间，八大系统。其中，四大空间包括：机房部分、井道及底坑部分、轿厢部分、层站部分。八大系统包括：曳引系统、导向系统、轿厢、门系统、重量平衡系统、电力拖动系统、电气控制系统、安全保护系统。

电梯八大系统的功能及主要构件与装置

	功能	主要构件与装置
曳引系统	输出与传递动力，驱动电梯运行	曳引机、曳引钢丝绳、导向轮、反绳轮等
导向系统	限制轿厢和对重的活动自由度，使轿厢和对重只能沿着导轨作上、下运动，承受安全钳工作时的制动力	轿厢（对重）导轨、导靴及其导轨架等
轿厢	用以装运并保护乘客或货物的组件，是电梯的工作部分	轿厢架和轿厢体
门系统	供乘客或货物进出轿厢时用，运行时必须关闭，保护乘客和货物的安全	轿厢门、层门、开关门系统及门附属零部件
重量平衡系统	相对平衡轿厢的重量，减少驱动功率，保证曳引力的产生，补偿电梯曳引绳和电缆长度变化带来的重量转移	对重装置和重量补偿装置
电力拖动系统	提供动力，对电梯运行速度实行控制	电动机、供电系统、速度反馈装置、电动机调速装置等
电气控制系统	对电梯的运行实行操纵和控制	操纵箱、召唤箱、位置显示装置、控制柜、平层装置、限位装置等
安全保护系统	保证电梯安全使用，防止危及人身和设备安全的事故发生	机械保护系统：限速器、安全钳、缓冲器、端站保护装置等 电气保护系统：超速保护装置、供电系统断相错相保护装置、超越上下极限工作位置的保护装置、层门锁与轿门电气联锁装置等

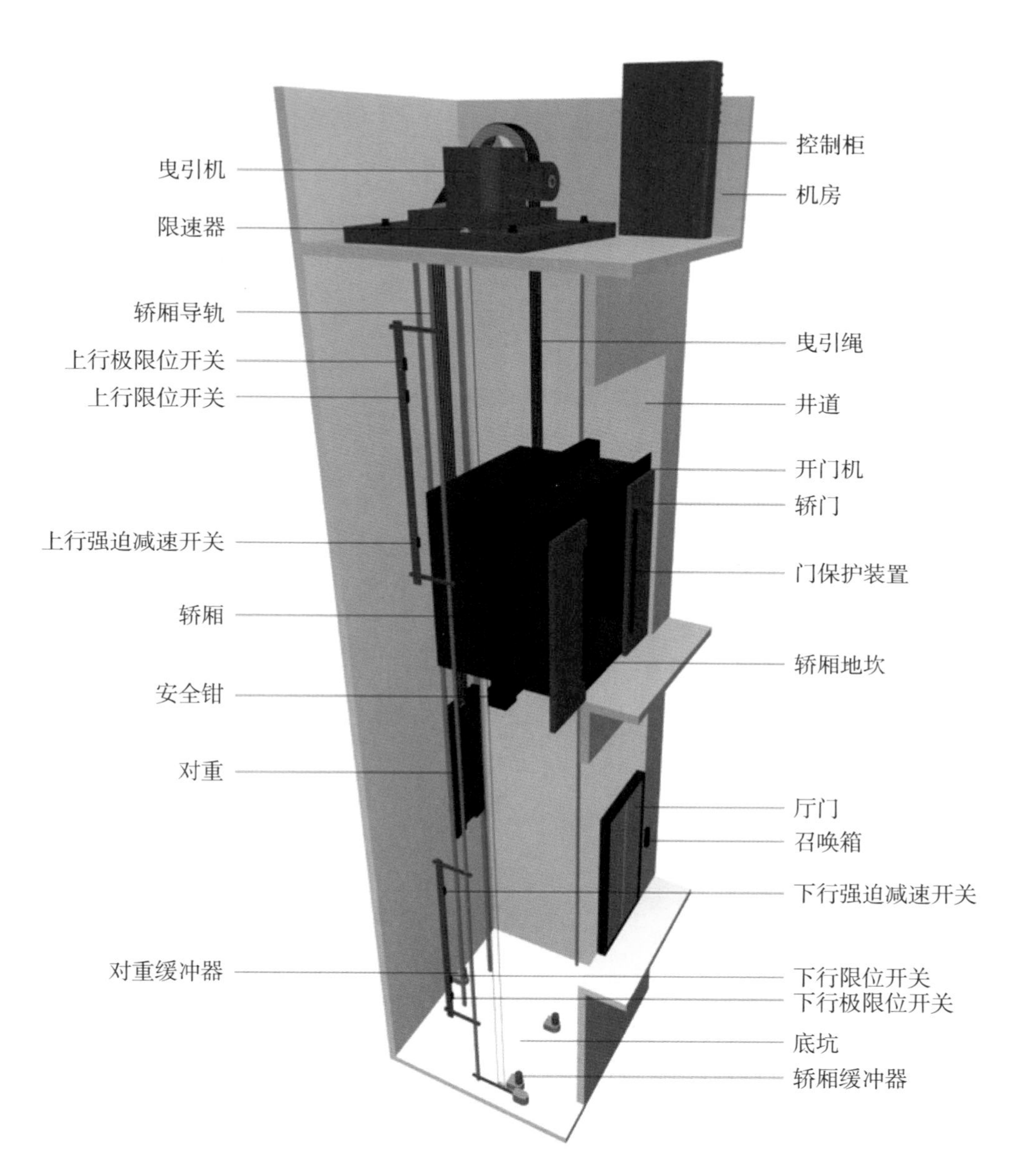
曳引机
限速器
轿厢导轨
上行极限位开关
上行限位开关
上行强迫减速开关
轿厢
安全钳
对重
对重缓冲器
控制柜
机房
曳引绳
井道
开门机
轿门
门保护装置
轿厢地坎
厅门
召唤箱
下行强迫减速开关
下行限位开关
下行极限位开关
底坑
轿厢缓冲器

曳引驱动电梯结构图

曳引驱动电梯主要构件与装置图如下：

（1）机房部件

主开关　　机房检修装置

永磁同步曳引主机

曳引轮

控制柜

蜗轮蜗杆异步主机

制动器

限速器

（2）井道部件

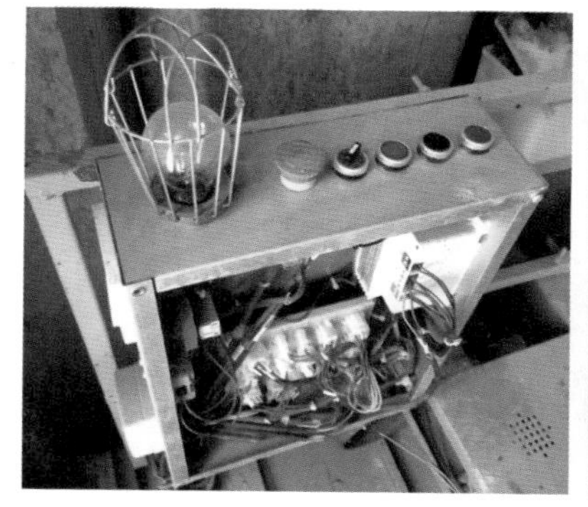
轿顶检修盒

轿顶护栏

轿顶反绳轮

导靴和油杯

限位和极限开关

门锁装置

补偿链

对重装置

（3）底坑部件

缓冲器

张紧轮

对重护栏

4.1.2.2 自动扶梯与人行道

下图为常见链条驱动式自动扶梯的结构图，它一般由梯路系统、主传动系统、梯路张紧装置、扶手系统、梳齿板、桁架、电气系统、安全保护系统等八个系统组成。

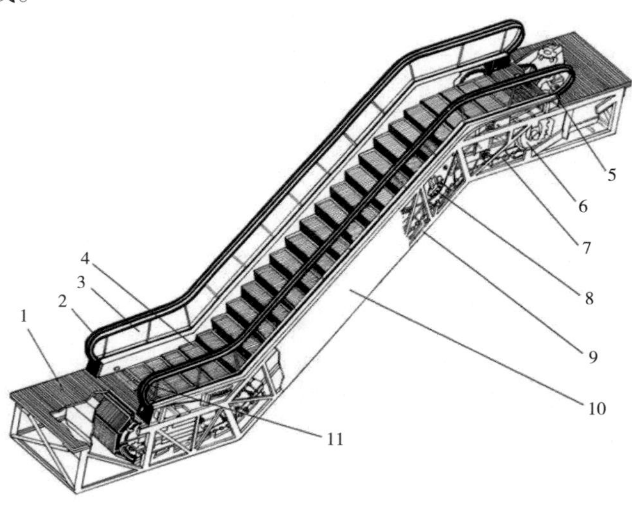

1.楼层板；2.扶手带；3.护壁板；4.梯级；5.端部驱动装置；6.牵引链轮；7.牵引链条；8.扶手带压紧装置；9.扶梯桁架；10.裙板；11.梳齿板

自动扶梯结构图

（1）梯路系统：由梯级、牵引构件（链条、齿条）及链轮组成。

（2）主传动系统：包括电动机、减速装置、制动器及中间传动环节等组成。

（3）梯路张紧装置：由鱼形板及张紧弹簧等组成。

（4）扶手系统：由扶手带、导轨支架及托辊、护壁板、围裙板、内盖板、外盖板、围板、扶手带驱动装置、扶手带张紧装置等组成。

（5）梳齿板：由梳齿、梳齿板以及前沿板组成。

（6）桁架：由上弦杆、下弦杆、腹杆、横梁和底板组成。

（7）电气系统：由供电系统、电动机、控制柜、检修盒等组成。

（8）安全保护系统：由梯级断链保护装置、驱动链断链保护开关、梳齿板开关、围裙板开关、扶手带出入口保护开关、梯级下陷与缺失保护开关、超速保护开关、紧急停止开关、检修盖板和楼层板的电气保护装置、防爬与阻挡装置、防碰头装置、扶手带速度监测装置等组成。

主要部件图如下：

驱动站

驱动主机

控制柜

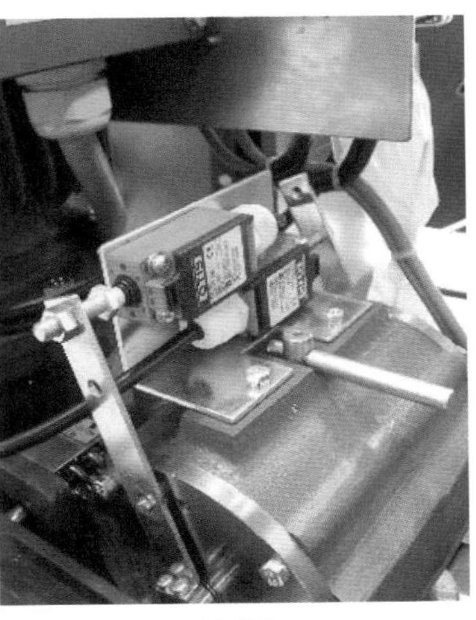

制动器

检修盒

驱动链

扶手护壁板

梯级踏板

梳齿板

梳齿板

使用须知

急停按钮

防碰头装置

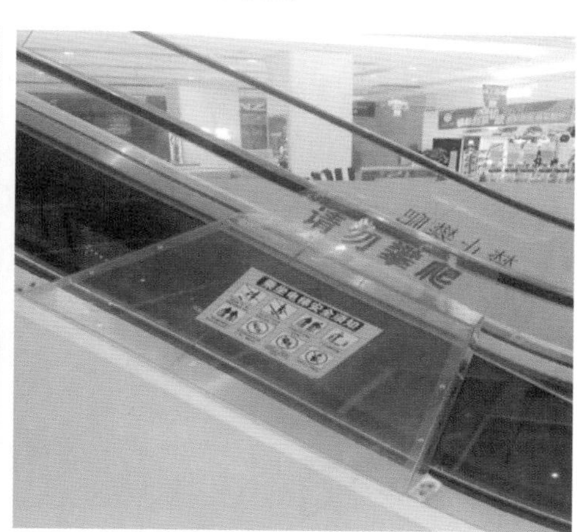

防攀爬装置

扶手带入口保护开关

检修盖板检测开关

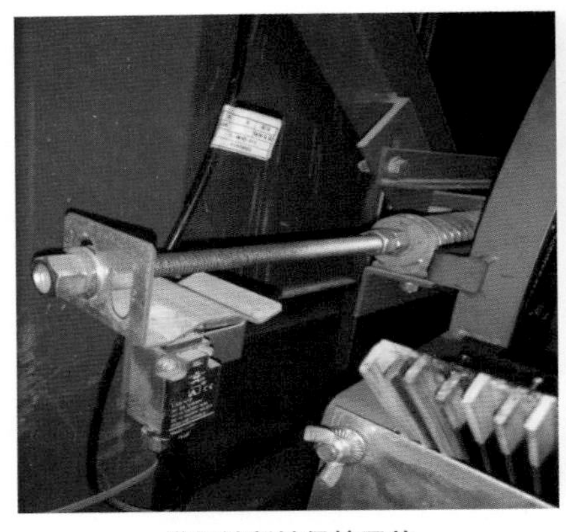

梯级链断链保护开关

超速保护开关

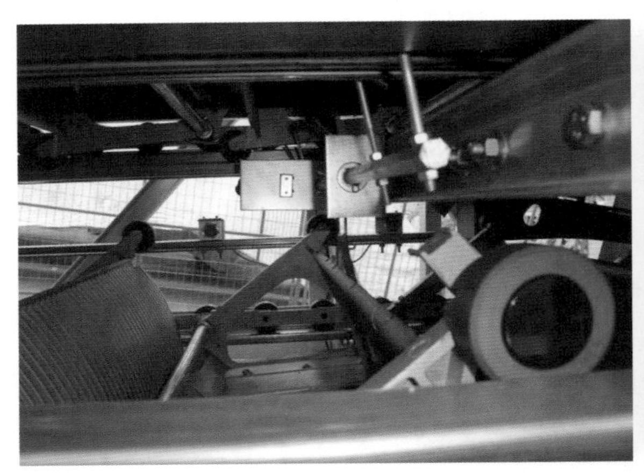

梯级下陷保护开关

梯级缺失保护开关

4.2　电梯使用管理与维护保养

[摘自《特种设备使用管理规则》（TSG 08—2017）
与《电梯维护保养规则》（TSG T5002—2017）]

4.2.1 电梯使用管理

4.2.1.1 使用单位定义

使用单位，是指具有特种设备使用管理权的单位或者具有完全民事行为能力的自然人，一般是特种设备的产权单位（产权所有人，下同），也可以是产权单位通过符合法律规定的合同关系确立的特种设备实际使用管理者。特种设备属于共有的，共有人可以委托物业服务单位或者其他管理人管理特种设备，受托人是使用单位；共有人未委托的，实际管理人是使用单位；没有实际管理人的，共有人是使用单位。特种设备用于出租的，出租期间，出租单位是使用单位；法律另有规定或者当事人合同约定的，从其规定或者约定。新安装未移交业主的电梯，项目建设单位是使用单位；委托物业服务单位管理的电梯，物业服务单位是使用单位；产权单位自行管理的电梯，产权单位是使用单位。

4.2.1.2 使用单位主要义务

使用单位主要义务如下：

（1）建立并且有效实施电梯安全管理制度和高耗能特种设备节能管理制度，以及操作规程；

（2）采购、使用取得许可生产（含设计、制造、安装、改造、修理），并且经检验合格的特种设备，不得采购超过设计使用年限的电梯，禁止使用国家明令淘汰和已经报废的特种设备；

（3）设置电梯安全管理机构，配备相应的安全管理人员和作业人员，建立人员管理台账，开展安全与节能培训教育，保存人员培训记录；

（4）办理使用登记，领取特种设备使用登记证，设备注销时交回使用登记证；

（5）建立特种设备台账及技术档案；

（6）对特种设备作业人员作业情况进行检查，及时纠正违章作业行为；

（7）对在用电梯进行经常性维护保养和定期自行检查，及时排查和消除事故隐患，对在用特种设备的安全附件、安全保护装置及其附属仪器仪表进行定期校验（检定、校准）、检修，及时提出定期检验和能效测试申请，接受定期检验和能效测试，并且做好相关配合工作；

（8）制定电梯事故应急专项预案，定期进行应急演练；发生事故及时上报，配合事故调查处理等；

（9）保证电梯安全、节能必要的投入；

（10）法律、法规规定的其他义务。

使用单位应当接受特种设备安全监管部门依法实施的监督检查。

4.2.1.3 电梯使用单位需设置专门的安全管理机构的要求

（1）使用为公众提供运营服务电梯的，或者在公众聚集场所使用30 台以上（含 30 台）电梯的；

（2）使用特种设备（不含气瓶）总量 50 台以上（含 50 台）的。

4.2.1.4 电梯使用单位人员资质要求

（1）安全管理负责人（需设置安全管理机构的，要取证）；

（2）各类特种设备总量20台以上，需配备专职安全管理员，并取证；

（3）电梯使用数量在20台以下，可以配备兼职电梯安全管理员；也可以委托具有特种设备安全管理人员资格的人员负责电梯使用管理，但是特种设备安全使用的责任主体仍然是使用单位；

（4）医院病床电梯、直接用于旅游观光的额定速度大于 2.5m/s 的乘客电梯以及需要司机操作的电梯，应当由持有相应特种设备作业人员证的人员操作。

4.2.1.5 电梯技术档案要求

逐台建立电梯技术档案，在使用地保存，技术档案至少包括以下内容：

（1）使用登记证；

（2）特种设备使用登记表；

（3）设计、制造技术文件和资料，监检证书；

（4）安装、改造和维修的方案、图样、材料质量证明书和施工质量证明文件等技术资料，监检报告；

（5）定期自行检查记录（年度检查）、定期检验报告；

（6）日常使用状况记录；

（7）维护保养记录；

（8）安全附件校验、检修和更换记录、报告；

（9）有关运行故障、事故记录和处理报告。

4.2.1.6 电梯使用登记和变更

电梯在投入使用前或者投入使用后30日内，使用单位应当向特种设备所在地的直辖市或者设区的市的特种设备安全监管部门申请办理使用登记；国家明令淘汰或者已经报废的电梯，不符合安全性能或者能效指标要求的电梯，不予办理使用登记。

使用单位申请办理特种设备使用登记时，应当向登记机关提交以下相应资料，并且对其真实性负责：

（1）使用登记表（一式两份）；

（2）含有使用单位统一社会信用代码的证明；

（3）监督检验、定期检验证明。

按台（套）登记的特种设备改造、移装、变更使用单位或者使用单位更名、达到设计使用年限继续使用的，按单位登记的电梯变更使用单位或者使用单位更名的，相关单位应当向登记机关申请变更登记。

4.2.1.7 电梯停用与报废

电梯拟停用1年以上的，使用单位应当采取有效的保护措施，并且设置停用标志，在停用后30日内填写特种设备停用报废注销登记表，告知登记机关。重新启用时，使用单位应当进行自行检查，到使用登记机关办理启用手续；超过定期检验有效期的，应当按照定期检验的有关要求进行检验。

对存在严重事故隐患，无改造、修理价值的电梯，或者达到安全技术规范规定的报废期限的，应当及时予以报废，产权单位应当采取必要措施消除该电梯的使用功能。电梯报废时，按台（套）登记的电梯应当办理报废手续，填写特种设备停用报废注销登记表，向登记机关办理报废手续，并且将使用登记证交回登记机关。

4.2.2 电梯维护保养

4.2.2.1 维保单位职责

（1）按照电梯维护保养规则、有关安全技术规范以及电梯产品安装使用维护说明书的要求，制定维保计划与方案；

（2）按照电梯维护保养规则和维保方案实施电梯维保，维保期间落实现场安全防护措施，保证施工安全；

（3）制定应急措施和救援预案，每半年至少针对本单位维保的不同类别（类型）电梯进行一次应急演练；

（4）设立24小时维保值班电话，保证接到故障通知后及时予以排除；接到电梯困人故障报告后，维保人员及时抵达所维保电梯所在地实施现场救援，直辖市或者设区的市抵达时间不超过30min，其他地区一般不超过1h；

（5）对电梯发生的故障等情况，及时进行详细的记录；

（6）建立每台电梯的维保记录，及时归入电梯安全技术档案，并且至少保存4年；

（7）协助电梯使用单位制定电梯安全管理制度和应急救援预案；

（8）对承担维保的作业人员进行安全教育与培训，按照特种设备作业人员考核要求，组织取得相应的特种设备作业人员证，培训和考核记录存档备查；

（9）每年度至少进行一次自行检查，自行检查在特种设备检验机构进行定期检验之前进行，自行检查项目及其内容根据使用状况确定，但是不少于本规则年度维保和电梯定期检验规定的项目及其内容，并且向使用单位出具有自行检查和审核人员的签字、加盖维保单位公章或者其他专用章的自行检查记录或者报告；

（10）安排维保人员配合特种设备检验机构进行电梯的定期检验；

（11）在维保过程中，发现事故隐患及时告知电梯使用单位；发现严重事故隐患，及时向当地特种设备安全监督管理部门报告。

4.2.2.2 电梯维保内容

电梯的维保项目分为半月、季度、半年、年度等四类，维保单位进行电梯维保，应当进行记录。记录至少包括以下内容：

（1）电梯的基本情况和技术参数，包括整机制造、安装、改造、重大修理单位名称，电梯品种（型式），产品编号，设备代码，电梯型号或者改造后的型号，电梯基本技术参数；

（2）使用单位、使用地点、使用单位内编号；

（3）维保单位、维保日期、维保人员（签字）；

（4）维保的项目（内容），进行的维保工作，达到的要求，发生调整、更换易损件等工作时的详细记载。

维保记录应当经使用单位安全管理人员签字确认。

4.3 电梯检验

[摘自《电梯监督检验和定期检验规则——曳引与强制驱动电梯》（TSG 7001—2009）（以下简称《电梯检规》），含第1号修改单和第2号修改单》]

4.3.1 定期检验

定期检验是对电梯生产和使用单位执行相关法规标准规定、落实安全责任，开展为保证和自主确认电梯安全的相关工作质量情况的查证性检验。

4.3.2 定检流程

定检流程见下图

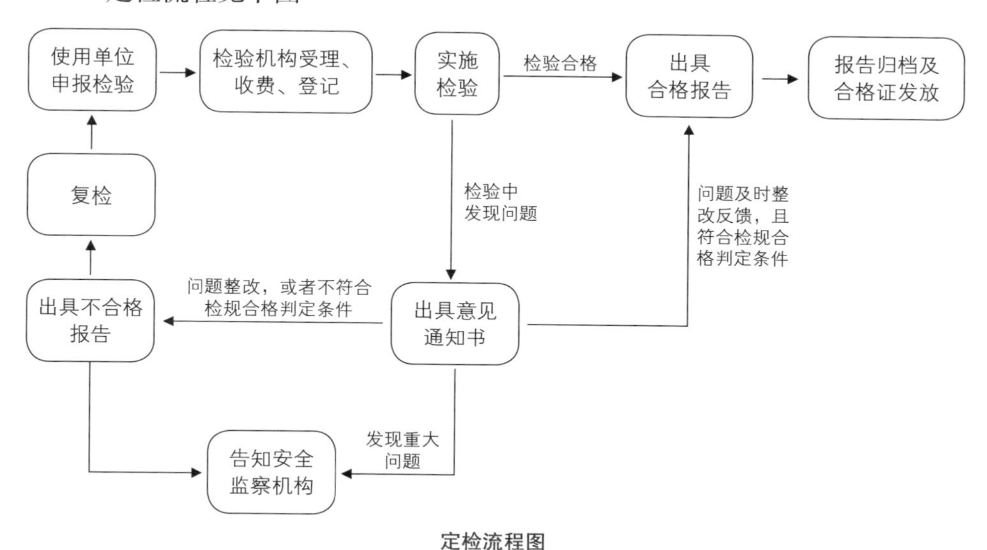

定检流程图

4.3.3 定检周期

对于在用电梯，应按照其对应电梯类别的《电梯检规》每年进行 1 次定期检验。

对于在1个检验周期内特种设备安全监察机构接到故障实名举报达到3次以上（含3次）的电梯并且经确认上述故障的存在影响电梯运行安全时，特种设备安全监察机构可以要求提前进行维护保养单位的年度自行检查和定期检验。

对于由于发生自然灾害或者设备事故而使其安全技术性能受到影响的电梯以及停止使用1年以上的电梯，再次使用前，应当进行定期检验。

4.3.4 定期检验的要求

4.3.4.1 检验机构的要求

（1）检验机构应当在维护保养单位自检合格的基础上实施定期检验；

（2）检验机构应当根据本规则规定，制定包括检验程序和检验流程图在内的电梯检验作业指导文件，并且按照相关法规、本规则和检验作业指导文件的规定，对电梯检验质量实施严格控制，对检验结果及检验结论的正确性负责，对检验工作质量负责；

（3）检验机构应当统一制定电梯检验原始记录格式及其要求，在本单位正式发布使用。原始记录内容应当不少于相应检验报告（见《电梯检规》附件B、附件C）规定的内容。必要时，相关项目应当另列表格或者附图，以便数据的记录和整理；

（4）检验机构应当配备能够满足《电梯检规》附件A 所述检验要求和方法的检验检测仪器设备、计量器具和工具；

（5）对于定期检验原始记录和日常维护保养年度自行检查记录或者报告，以及定期检验报告，检验机构应当至少保存2个检验周期；

（6）检验过程中，如果发现《电梯检规》第十七条所列情况，检验机构应当在现场检验结束时，向受检单位或维护保养单位出具《特种设备检验意见通知书》（以下简称《通知书》）；

（7）检验工作（包括《电梯检规》第十七条规定的对整改情况的确认）完成后，或者达到《通知书》提出时限而受检单位未反馈整改报告等见证材料的，检验机构必须在10个工作日内出具检验报告。检验结论为“合格”的，还应当同时出具电梯使用标志；

（8）对于判定为“不合格”或者“复检不合格”的电梯、未执行《通知书》提出的整改要求并且已经超过电梯使用标志所标注的下次检验日期的电梯，检验机构应当将检验结果、检验结论及有关情况报告负责设备使用登记的特种设备安全监察机构；对于定期检验判定为“不合格”的电梯，检验机构还应当告知使用单位立即停止使用。

4.3.4.2 检验人员资格及要求

（1）检验人员必须按照国家有关特种设备检验人员资格考核的规定，取得国家市场监督管理总局颁发的相应资格证书后，方可以从事批准项目的电梯检验工作；

（2）现场检验至少由2名具有电梯检验员或者以上资格的人员进行，检验人员应当向申请检验的电梯施工或者使用单位（以下简称受检单位）出示检验资格标志。现场检验时，检验人员不得进行电梯的修理、调整等工作；

（3）现场检验时，检验人员应当配备和穿戴必需的防护用品，并且遵守施工现场或者使用单位明示的安全管理规定。

4.3.4.3 维护保养单位的要求

（1）维护保养单位应当按照相关安全技术规范和标准的要求，保证日常维护保养质量，真实、准确地填写日常维护保养的相关记录或者报告，对日常维护保养质量以及提供的相关文件、资料的真实性及其与实物的一致性负责；

（2）维护保养单位应当向检验机构提供符合《电梯检规》附件A要求的有关文件、资料，安排相关的专业人员配合检验机构实施检验。其中，日常维护保养年度自行检查记录或者报告还须另行提交复印件备存；

（3）保证检验现场清洁，没有与电梯工作无关的物品和设备，检验现场放置表明正在进行检验的警示牌；

（4）受检单位或者和维护保养单位应当按照《通知书》的要求及时整改，并且在规定的时限内向检验机构提交填写了处理结果的《通知书》以及整改报告等见证资料。

4.3.4.4 使用单位

（1）电梯使用单位应当在电梯使用标志所标注的下次检验日期届满前1个月，向检验机构申请定期检验；

（2）电梯使用单位应当向检验机构提供符合《电梯检规》附件A要求的有关文件、资料，安排相关的专业人员配合检验机构实施检验；

（3）使用单位或者和维护保养单位应当按照《通知书》的要求及时整改，并且在规定的时限内向检验机构提交填写了处理结果的《通知书》以及整改报告等见证资料；

（4）对于定期检验报告，使用单位应当至少保存2个检验周期；

（5）对于检验结论为不合格的电梯，使用单位应立即停止使用，并组织相应整改或者修理后，向检验机构申请复检。

4.3.4.5 现场检验条件的要求

对于电梯整机进行检验时，检验现场应当具备以下检验条件：

（1）机房或者机器设备间的空气温度保持在5℃～40℃之间；

（2）电源输入正常，电压波动在额定电压值±7%的范围内；

（3）环境空气中没有腐蚀性和易燃性气体及导电尘埃；

（4）检验现场（主要指机房或者机器设备间、井道、轿顶、底坑）清洁，没有与电梯工作无关的物品和设备，基站、相关层站等检验现场放置表明正在进行检验的警示牌；

（5）对井道进行了必要的封闭。

特殊情况下，电梯设计文件对温度、湿度、电压、环境空气条件等进行了专门规定，检验现场的温度、湿度、电压、环境空气条件等应当符合电梯设计文件的规定。

对于不具备现场检验条件的电梯，或者继续检验可能造成危险，检验人员可以中止检验，但应当向受检单位书面说明原因。

4.3.5 定期检验中的常见问题

1. 使用资料不齐全

（1）使用单位未及时按规定办理使用登记，电梯未注册；

（2）使用单位安全技术档案、电梯随机资料不全，监督检验和定期检验报告未按规定保存；

（3）使用单位未建立岗位责任制为核心的电梯运行管理规章制度，未建立事故与故障的应急措施和救援预案，未按规定配备安全管理人员；

（4）未签订日常维护保养合同或者维保合同过期，维保记录填写不规范或未安规定保存。

2. 电梯使用环境存在安全隐患

（1）机房门外侧无警示标志、未装锁；

（2）机房或者机器设备间放置有其他无关杂物，不符合规定要求；

机房门未装锁

机房内堆放无关杂物

（3）机房、轿顶、井道照明损坏；

（4）机房、底坑存在渗水、积水等情况；

机房应装照明

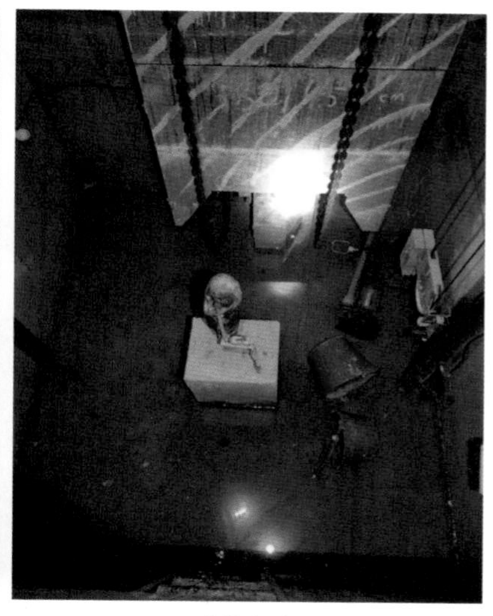

底坑积水

（5）井道安全门、检修门无法正常打开；

（6）轿厢紧急照明功能失效，紧急报警、对讲装置失效；

轿厢应急照明失效

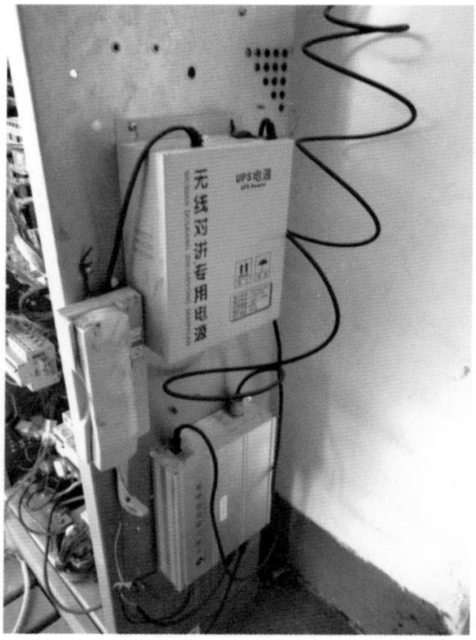

五方对讲未接通

（7）旋转部件防护缺失；

（8）层门门扇间隙不符要求，紧急开锁装置失效；

主机防护罩被拆除

层门与立柱间隙超标

（9）不按要求私自加装自动救援操作装置、IC卡系统；

（10）扶梯或者人行道阻挡装置、防爬装置、防碰头装置等安装不符合要求或缺失；

（11）扶梯或者人行道梳齿板梳齿缺损、梳齿与踏板面齿槽的间隙不符合要求；

（12）扶梯或者人行道使用须知、急停按钮中文标识缺失；

（13）扶梯或者人行道转向站（驱动站）内防护装置缺失，电气照明装置无效。

防碰头装置未固定

3. 电梯安全保护装置失效，安全运行试验不符合要求

（1）限速器超期未及时校验，未提供限速器校验记录；

（2）机房、轿顶、底坑停止装置的功能失效；

（3）限速器、安全钳、限速绳张紧装置、极限开关、缓冲器等电气开关动作不可靠或者失效；

（4）驱动主机工作时有异常噪声，曳引轮轮槽有不正常磨损，制动器动作不可靠等；

（5）机房、轿顶检修运行功能失效；

（6）轿厢超载保护装置失效；

（7）钢丝绳磨损、严重锈蚀、断丝数超标等；

曳引轮磨损，钢丝绳落槽

钢丝绳磨损

（8）缓冲器破损，固定不可靠；

（9）层门、轿门锁被短接，机电联锁失效；

（10）防止门夹人的保护装置失效；

（11）平衡系数不符合要求；

（12）上行制动试验不符合要求，制停距离超标；

（13）救援通道不通畅，紧急松闸装置失效；

（14）限速器、安全钳试验动作或复位不可靠；

（15）电梯呼梯按钮失效，楼层显示故障，平层精度不符合要求；

（16）自动扶梯或者人行道扶手带入口保护、梳齿板保护、超速保护、非操纵逆转保护、梯级或踏板下陷与缺失保护等装置功能无效；

（17）自动扶梯或者人行道扶手带的运行速度相对于梯级、踏板或胶带的实际速度偏差不符合要求；

（18）自动扶梯或者人行道空载、有载制停距离不符合要求。

4. 监督检验

监督检验是指由国家质量监督检验检疫总局核准的特种设备检验检测机构，根据《电梯监督检验和定期检验规则——曳引与强制驱动电梯》规定，对电梯安装、改造、重大修理过程进行的监督检验，是对电梯生产和使用单位执行相关法规标准规定、落实安全责任，开展为保证和自主确认电梯安全的相关工作质量情况的查证性检验。

5. 监督检验流程

监督检验流程如下图：

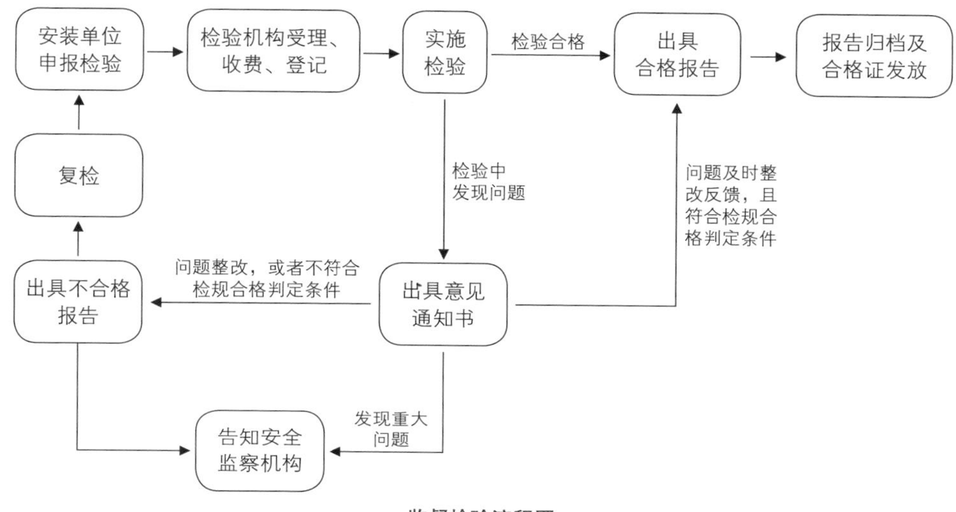

监督检验流程图

6. 监督检验的要求

（1）施工单位和使用单位的要求

1）实施电梯安装、改造或者重大修理的施工单位（以下简称施工单位）应当在按照规定履行告知后、开始施工前（不包括设备开箱、现场勘测等准备工作），向检验机构申请监督检验。（《电梯监督检验和定期检验规则——曳引与强制驱动电梯》（TSG 7001—2009），含第1号修改单和第2号修改单第五条）。

2）施工单位应当按照设计文件和标准的要求，对电梯机房（或者机器设备间）、井道、层站等涉及电梯施工的土建工程进行检查，对电梯制造质量（包括零部件和安全保护装置等）进行确认，并且作出记录，符合要求后方可进行电梯施工。

3）施工单位或者维护保养单位应当按照相关安全技术规范和标准的要求，保证施工或者日常维护保养质量，真实、准确地填写施工或者日常维护保养的相关记录或者报告，对施工或者日常维护保养质量以及提供的相关文件、资料的真实性及其与实物的一致性负责。

4）施工单位和使用单位应当向检验机构提供符合《电梯检规》附件A要求的有关文件、资料，安排相关的专业人员配合检验机构实施检验。其中，施工自检报告、日常维护保养年度自行检查记录或者报告还须另行提交复印件备存。

（2）对检验机构的要求

1）检验机构应当在施工单位自检合格的基础上实施监督检验；

2）检验机构应当根据本规则规定，制定包括检验程序和检验流程图在内的电梯检验作业指导文件，并且按照相关法规、《电梯检规》和检验作业指导文件的规定，对电梯检验质量实施严格控制，对检验结果及检验结论的正确性负责，对检验工作质量负责；

3）检验机构应当统一制定电梯检验原始记录格式及其要求，在本单位正式发布使用。原始记录内容应当不少于相应检验报告（见《电梯检规》附件B、附件C）规定的内容。必要时，相关项目应当另列表格或者附图，以便数据的记录和整理；

4）检验机构应当配备能够满足《电梯检规》附件A所述检验要求和方法的检验检测仪器设备、计量器具和工具；

5）检验机构应当长期保存监督检验原始记录和施工自检报告；

6）检验过程中，如果发现《电梯检规》第十七条所列情况，检验机构应当在现场检验结束时，向受检单位或维护保养单位出具《特种设备检验意见通知书》；

7）检验工作（包括《电梯检规》第十七条规定的对整改情况的确认）完成后，或者达到《通知书》提出时限而受检单位未反馈整改报告等见证材料的，检验机构必须在10个工作日内出具检验报告。检验结论为“合格”的，还应当同时出具电梯使用标志；

8）对于监督检验判定为“不合格”或者“复检不合格”的电梯、未执行《通知书》提出的整改要求并且已经超过电梯使用标志所标注的下次检验日期的电梯，检验机构应当将检验结果、检验结论及有关情况报告负责设备使用登记的特种设备安全监察机构。

（3）检验人员资格及要求

1）检验人员必须按照国家有关特种设备检验人员资格考核的规定，取得国家质量监督检验检疫总局颁发的相应资格证书后，方可从事批准项目的电梯检验工作；

2）现场检验至少由2名具有电梯检验师资格的人员进行，检验人员应当向申请检验的电梯施工或者使用单位（以下简称受检单位）出示检验资格标识。现场检验时，检验人员不得进行电梯的修理、调整等工作；

3）现场检验时，检验人员应当配备和穿戴必需的防护用品，并且遵守施工现场或者使用单位明示的安全管理规定。

7. 现场检验条件的确认

对于电梯整机进行检验时，检验现场应当具备以下检验条件：

（1）机房或者机器设备间的空气温度保持在5℃～40℃之间；

（2）电源输入正常，电压波动在额定电压值±7%的范围内；

（3）环境空气中没有腐蚀性和易燃性气体及导电尘埃；

（4）检验现场（主要指机房或者机器设备间、井道、轿顶、底坑）清洁，没有与电梯工作无关的物品和设备，基站、相关层站等检验现场放置表明正在进行检验的警示牌；

（5）对井道进行了必要的封闭。

特殊情况下，电梯设计文件对温度、湿度、电压、环境空气条件等进行了专门规定，检验现场的温度、湿度、电压、环境空气条件等应当符合电梯设计文件的规定。

对于不具备现场检验条件的电梯，或者继续检验可能造成危险，检验人员可以中止检验，但应当向受检单位书面说明原因。

8. 监督检验常见问题

（1）电梯安装、改造或修理资料不齐全

1）电梯作业人员无证或证件过期；

2）未提供安装、改造（修理）许可证明，告知书及安装质量证明文件相关证明文件过期；

3）施工过程记录和自检报告填写不规范；

4）未提供施工方案，施工方案审批手续不齐全；

5）未提供机房（机器设备间）和井道布置图或者勘测图；

6）未签订日常维护保养合同。

（2）电梯现场检验环境达不到验收标准

1）机房通道不畅通，爬梯设置不符合规定要求；

2）机房通道门设置不符合规定要求，未装锁，门外侧无警示标志；

3）机房（机器设备间）未专用，放置有其他无关杂物，不符合规定要求；

4）机器设备间放置有其他无关杂物，不符合规定要求；

5）机房未设置永久性电气照明，无消防降温设备，地面未做防尘；

6）使用临时电源，无接地保护；

7）轿厢未设置紧急照明，轿厢对讲未接值班室；

8）井道未封闭，层门四周有多余孔洞；

9）底坑有漏水、渗水现象；

10）自动扶梯与人行道停止开关设置无中文标志；

11）自动扶梯与人行道与墙交叉处未按要求设置防护挡板；

12）自动扶梯与人行道扶手外盖板区域未设置防爬与阻挡装置；

13）自动扶梯与人行道未设置使用须知。

（3）电梯安全保护装置失效，安全运行试验不符合要求

1）机房、轿顶、底坑停止装置的功能失效；

2）限速器、安全钳、限速绳张紧装置、极限开关、缓冲器等电气开关动作不可靠或者失效；

3）机房、轿顶检修运行功能失效；

4）轿厢超载保护装置失效；

5）层门、轿门锁被短接，机电联锁失效；

6）防止门夹人的保护装置失效；

7）平衡系数不符合要求；

8）上行制动试验不符合要求，制停距离超标；

9）救援通道不通畅，紧急松闸装置失效；

10）限速器、安全钳试验动作或复位不可靠；

11）电梯呼梯按钮失效，楼层显示故障，平层精度不符合要求；

12）自动扶梯或者人行道扶手带入口保护、梳齿板保护、超速保护、非操纵逆转保护、梯级或踏板下陷与缺失保护等装置功能无效；

13）自动扶梯或者人行道扶手带的运行速度相对于梯级、踏板或胶带的实际速度偏差不符合要求；

14）自动扶梯或者人行道空载、有载制停距离不符合要求。

4.4 电梯安全隐患排查重点

1. 电梯安全管理情况

（1）电梯安全管理制度以及操作规程未建立或不全；

（2）安全技术档案未建立或不完善；

（3）未按作业人员管理规定配备安全管理员或安全管理员未持证上岗；

（4）未按相关要求制定电梯钥匙使用管理制度、应急措施和救援预案且无演练记录；

（5）未与取得相关资质单位签订有效的日常维护保养合同。

2. 电梯使用环境不符合要求

（1）机房通道不畅通；

（2）机房未专用（堆放杂物）；

（3）底坑积水；

（4）机房无紧急救援装置；

（5）井道未完全封闭；

（6）五方对讲未接值班室；

（7）无阻挡、防攀爬、防碰头装置；

（8）未粘贴乘客须知；

（9）紧急停止装置无标志。

机房通道不畅通

机房未专用（堆放杂物）

底坑积水

井道未完全封闭

无阻挡、防攀爬、防碰头装置

未粘贴乘客须知

机房无紧急救援装置

五方对讲未接值班室

3. 电梯部件存在问题

（1）主电源无接地线或接地线断开；

（2）金属承重梁、结构件锈蚀、断裂；

（3）层门地坎护脚板锈蚀；

（4）钢丝绳落槽、变形、磨损严重（断丝断股）；

（5）制动器闸瓦磨损严重；

（6）限速器超期未校验；

（7）层门滑块缺失、磨损严重；

（8）缓冲器未固定可靠；

（9）扶手带破损严重；

（10）梳齿板断齿严重。

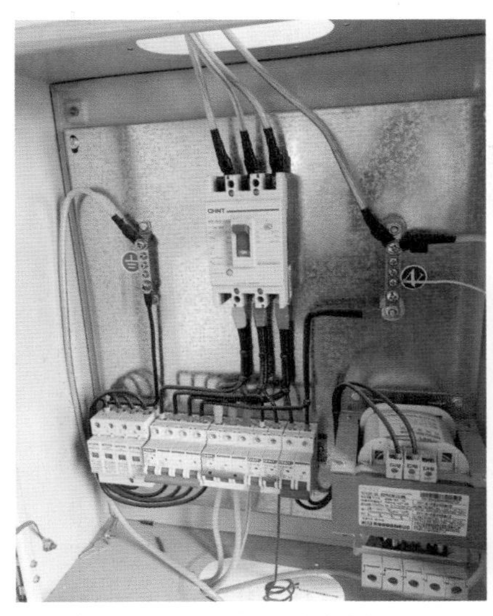

主电源无接地线或接地线断开

金属承重梁、结构件锈蚀、断裂

层门地坎护脚板锈蚀

钢丝绳落槽

钢丝绳磨损变形（断丝断股）

制动器闸瓦磨损严重

限速器超期未校验

层门滑块缺失、磨损严重

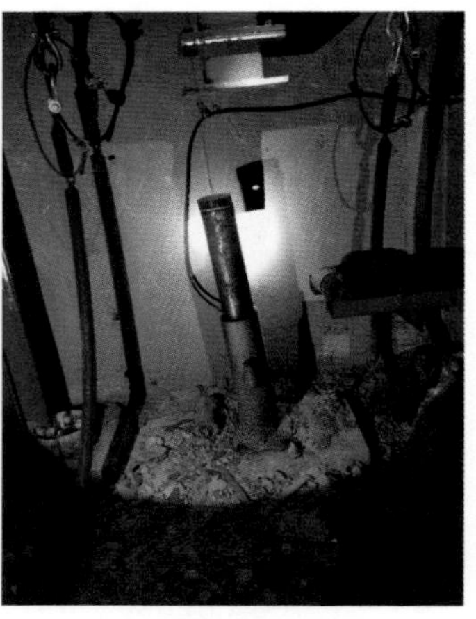

缓冲器未固定可靠

扶手带破损严重

梳齿板断齿严重

第5章 起重机械

5.1 起重机械的定义和分类

起重机械的定义：根据《特种设备目录》（2014版），起重机械是指用于垂直升降或者垂直升降并水平移动重物的机电设备，其范围规定为额定起重量大于或者等于0.5t的升降机；额定起重量大于或者等于3t（或额定起重力矩大于或者等于40t·m的塔式起重机，或生产率大于或者等于300t/h的装卸桥）且提升高度大于或者等于2m的起重机；层数大于或者等于2层的机械式停车设备。

根据《特种设备目录》（2014版），起重机械分为：桥式起重机、门式起重机、塔式起重机、流动式起重机、门座式起重机、升降机、缆索式起重机、桅杆式起重机、机械式停车设备。

起重机械分类表

代码	种类	类别	品种
4000	起重机械	起重机械，是指用于垂直升降或者垂直升降并水平移动重物的机电设备，其范围规定为额定起重量大于或者等于0.5t的升降机；额定起重量大于或者等于3t（或额定起重力矩大于或者等于40t·m的塔式起重机，或生产率大于或者等于300t/h的装卸桥）且提升高度大于或者等于2m的起重机；层数大于或者等于2层的机械式停车设备。	
4100		桥式起重机	
4110			通用桥式起重机
4130			防爆桥式起重机
4140			绝缘桥式起重机
4150			冶金桥式起重机
4170			电动单梁起重机
4190			电动葫芦桥式起重机
4200		门式起重机	
4210			通用门式起重机
4220			防爆门式起重机
4230			轨道式集装箱门式起重机
4240			轮胎式集装箱门式起重机
4250			岸边集装箱起重机
4260			造船门式起重机
4270			电动葫芦门式起重机
4280			装卸桥
4290			架桥机

续表

代码	种类	类别	品种
4300		塔式起重机	
4310			普通塔式起重机
4320			电站塔式起重机
4400		流动式起重机	
4410			轮胎式起重机
4420			履带式起重机
4440			集装箱正面吊运起重机
4450			铁路起重机
4700		门座式起重机	
4710			门座式起重机
4760			固定式起重机
4800		升降机	
4860			施工升降机
4870			简易升降机
4900		缆索式起重机	
4A00		桅杆式起重机	
4D00		机械式停车设备	

通用桥式起重机

电动单梁起重机

门式起重机（通用门式起重机）

门式起重机（轮胎式集装箱门式起重机）

普通塔式起重机

施工升降机

门式起重机（架桥机）

门式起重机（电动葫芦门式起重机）

流动式起重机（集装箱正面吊运起重机）

流动式起重机（履带式起重机）

门座式起重机

门座式起重机（固定式起重机）

缆索式起重机

桅杆式起重机

机械式停车设备

5.2 起重机械的工作原理和特点

5.2.1 工作原理

起重机械通过起重吊钩或其他取物装置起升或起升加移动重物。起重机械的工作过程一般包括起升、运行、下降及返回原位等步骤。起升机构通过取物装置从取物地点把重物提起，经运行、回转或变幅机构把重物移位，在指定地点下放重物后返回到原位。

起重机械的工作机构包括：起升机构、运行机构、变幅机构和旋转机构等。

起升机构是用来实现物料的垂直升降的机构，是任何起重机不可缺少的部分，因而是起重机最主要、最基本的机构。起升机构由以下部分组成：①驱动装置：电动机；②传动装置：减速器、联轴器、传动轴等；③制动装置：制动驱动装置、制动器架、制动元件等；④取物缠绕装置：取物装置（吊钩、抓斗、起重电磁铁以及各种专用吊具等），动、定滑轮组；⑤卷筒组；⑥钢丝绳等。

起升机构

运行机构是通过起重机大车或起重小车运行来实现水平搬运物料的机构，可分为轨行式运行机构和无轨行式运行机构（轮胎、履带式运行机构），按其驱动方式不同分为自行式和牵引式两种。轨行式运行机构除了铁路起重机以外，基本都为电动机驱动形式。为此，轨行式运行机构是由驱动装置（电动机）、制动装置（制动器）、传动装置（减速器）和车轮装置四部分组成。车轮装置由车轮、车轮轴、轴承及轴承箱等组成。采用无轮缘车轮，是为了将轮缘的滑动摩擦变为滚动摩擦，此时应增设水平导向轮。车轮与车轮轴的连接可采用单键、花键或锥套等多种方式。

起重机的运行机构按驱动方式分为集中驱动和分别驱动两种形式。集中驱动是由一台电动机通过传动轴驱动两边车轮转动运行的运行机构形式，集中驱动只适合小跨度的起重机或起重小车的运行机构。分别驱动是两边车轮分别由两套独立的、无机械联系的驱动装置驱动的运行机构形式。

运行机构

变幅机构是臂架起重机特有的工作机构。变幅机构通过改变臂架的长度或仰角来改变作业幅度。

变幅机构

旋（回）转机构是使臂架绕着起重机的垂直轴线作回转运动，在环形空间运送、移动物料。起重机通过某一机构的单独运动或多机构的组合运动，来达到搬运物料的目的。

回转机构

5.2.2 起重机械的工作特点

起重机械是一种间歇动作的搬运设备，其工作是周期性的，一个完整的作业循环一般包括取物、起升、平移、下降、卸载，然后返回原处，直至下一次取物开始等环节，也就是以重复的工作循环来完成提升、转移、回转及多种作业的吊装设备。经常起动、制动、正向和反向运动是起重机械动作的基本特点。起重机械的工作特点可归纳如下：

（1）起重机械一般都由多个机构组成，能完成一个升降运动、多个水平运动。例如，桥式起重机能完成起升、大车运行和小车运行三个运动；门座式起重机能完成起升、变幅、回转和大车运行四个运动。在作业过程中，有时机构还需联动，操作技术难度较大。

（2）起重机械一般都有庞大的金属结构，起重机械自重有时高达额定起重量的70%。

（3）所吊运的重物种类繁多，且载荷大都是变化的。有的重物重达几百吨乃至上万吨，有的物体长达几十米，形状也很不规则，有散粒、热融状态、易燃易爆危险物品等，吊运过程复杂而危险。

（4）大多数起重机械，需要在较大的空间范围内运行，有的要装设轨道和车轮（如塔式起重机、桥式起重机、门式起重机等）；有的要装上轮胎或履带在地面上行走（如集装箱正面吊运起重机、履带起重机等）；有的需要在钢丝绳上行走（如缆索起重机），活动空间较大，一旦造成事故影响的范围也较大。

（5）有的起重机械需要直接载运人员在轨道、平台或钢丝绳上做升降运动（如施工升降机），其可靠性直接影响人身安全。

（6）暴露的、活动的零件比较多，且常与吊运作业人员直接接触（如吊钩、钢丝绳等），潜在许多偶发的危险因素。

（7）作业环境复杂。从大型钢铁联合企业，到现代化港口、建筑工地、铁路枢纽、普通工厂车间等都有起重机械在运行；作业场所常常会遇有高温、高压、易燃易爆、输电线路、强磁等危险因素，对设备和作业人员构成威胁。

（8）作业中常常需要多人配合，共同进行。一个操作，要求指挥、捆扎、驾驶等作业人员配合熟练、动作协调、互相照应。作业人员应有处理现场紧急情况的能力。多个作业人员之间密切配合，通常存在较大的难度。

综上所述，起重机械与其他一般机器的显著区别是庞大、可移动的金属结构和多机构的组合工作。间歇式的循环作业、起重载荷的不均匀性、各机构运动循环的不一致性、机构负载的不等时性、多人参与的配合作业等特点，又增加了起重机的作业复杂性，安全隐患多，危险范围大，事故易发点多，事故后果严重。

5.3 起重机械检验分类及常见安全隐患

5.3.1 起重机械的检验

1. 检验分类

起重机械的检验分类，一般分为：定期/首次检验，监督检验，型式试验。

（1）定期/首次检验

定期检验，是指在起重机械使用单位进行经常性维护保养和自行检查的基础上，由国家市场监督管理总局核准的特种设备检验机构，依据《起重机械定期检验规则》（TSG Q7015—2016）对纳入使用登记的在用起重机械按照一定的周期进行的检验。

首次检验是指在起重机械使用单位自检的基础上，由检验机构依据《起重机械定期检验规则》（TSG Q7015—2016）对不实施安装监督检验的起重机械，在投入使用之前进行的检验。

（2）监督检验

安装（包括新装、移装）、改造、重大修理监督检验，是指起重机械施工过程中，在施工单位自检合格的基础上，由国家市场监督管理总局核准的检验机构对施工过程进行的强制性、验证性检验。

（3）型式试验

型式试验是指在制造单位完成产品全面试验验证合格的基础上，型式试验机构对场车产品是否满足安全技术规范要求而进行的技术审查、样机检查、样机试验等，以验证其安全可靠性所进行的活动。

2. 检验一般要求

（1）资质要求：检验机构应当按照核准的检验范围从事起重机械的检验工作，检验和检测人员（以下简称检验人员）应当取得相应的特种设备检验检测人员证书。检验机构应当对起重机械检验报告的真实性、准确性、有效性负责。

（2）报检要求：使用单位应当在起重机械定期检验有效期届满的1个月以前向检验机构申报检验。检验机构接到定期检验申报后，应当在定期检验有效期届满前安排检验。

（3）检验周期：

1）塔式起重机、升降机、流动式起重机每年1次，其中轮胎式集装箱门式起重机每2年1次；

2）桥式起重机、门式起重机、门座式起重机、缆索起重机、桅杆起重机、铁路起重机、旋臂起重机、机械式停车设备每2年1次，其中吊运熔融金属和炽热金属的起重机每年1次。性能试验中的额定载荷试验、静载荷试验、动载荷试验项目，首检、监督检验时必须进行。

检验过程中，对作业环境特殊的起重机械，检验机构报经省级质量技术监督部门同意，可以适当缩短定期检验周期，但是最短周期不低于6个月。

定期检验日期以安装改造重大维修监督检验、首检、停用后重新检验的检验合格日期为基准计算，依此类推（下次定检日期不因本周期内的复检、不合格整改或者逾期检验而变动）。

5.3.2 起重机械常见的安全隐患

[根据《起重机械定期检验规则》（TSG Q7015—2016）
本节仅列出常见安全隐患]

（1）钢丝绳断丝、断股及局部压扁变形，钢丝绳绳卡安装方向错误等。[钢丝绳的保养维护报废标准应参照《起重机　钢丝绳　保养、维护、安装、检验和报废》（GB/T 5972—2009）执行]

钢丝绳断丝及断股

钢丝绳变形

钢丝绳绳卡安装方向错误

（2）吊钩防脱钩装置失效或者未设置防脱钩装置（司索人员无法靠近吊钩的除外）。

吊钩防脱钩装置

（3）大、小车车轮啃轨。

大、小车车轮啃轨

（4）起升高度限位失效。

电动葫芦上的起重量限制器和上升限位

（5）起重量限制器失效或未设置。

卷筒端头的起重量限制器和上升限位

（6）大、小车行程限位失效或未设置，两台起重机之间未设置防碰撞装置或者失效。

大车行程限位失效

两台起重机之间的防碰撞装置

（7）露天作业的起重机高强度螺栓锈蚀，螺栓未紧固或者局部缺失。

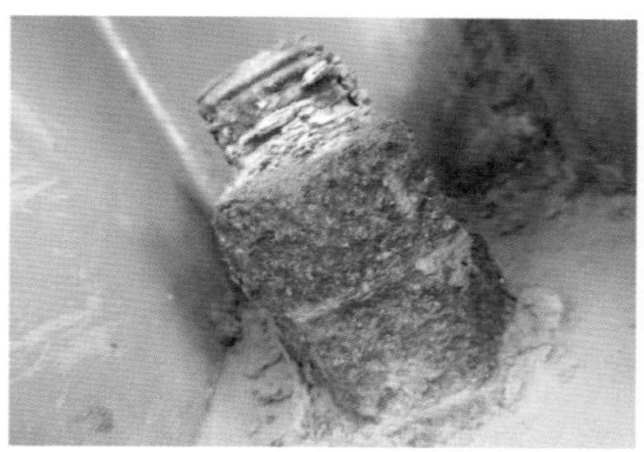

螺栓锈蚀

螺栓未固定即将脱落

部分连接处螺栓缺失

（8）塔吊安全距离不够。

塔吊安全距离不够

（9）缓冲器和端部止挡破损、失效、缺失。

缓冲器破损变形

大车扫轨板和缓冲器缺失

（10）大小车轨道清扫器（扫轨板）变形或缺失。

轨道清扫器

（11）联锁保护装置失效、缺失或者用胶带固定住。

联锁保护装置失效、缺失

联锁保护装置用胶带固定

（12）紧急停止开关失效或损坏。

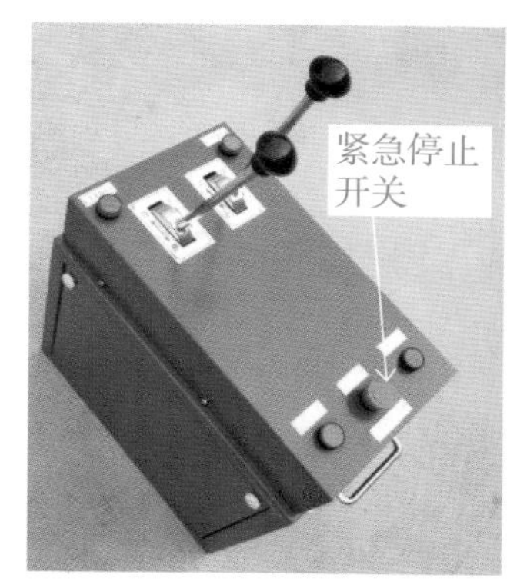

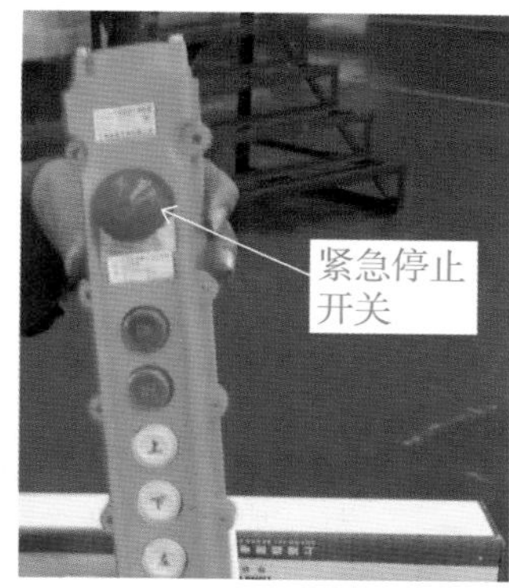

紧急停止开关

（13）各机构制动器制动片磨损超标或制动力矩未调整好。

制动片

（14）零位保护失效：在开始运转和失压后恢复供电时，必须先将控制器手柄置于零位后，该机构或者所有机构的电动机才能启动。

（15）失压保护失效：当起重机械供电电源中断后，凡涉及安全或者不宜自动开启的用电设备应处于断电状态，避免恢复供电后用电设备自动运行。

（16）起重机械接地保护措施不完善。电气设备和金属结构接地应符合以下要求：

1）电气设备接地：①电气设备正常情况下不带电的外露可导电部分直接与供电电源保护接地线连接；②起重机械上所有电气设备外壳、金属导线管、金属支架及金属线槽均根据配电网情况进行可靠接地（保护接地或者保护接零）。

2）金属结构接地：①检查是否设置专用接地线，金属结构的连接有非焊接处，是否采用另装设接地干线或者跨接线的处理；②检查是否按照规定禁用金属结构或者接地作为载流零线（电气系统电压为安全电压除外）。

（17）设备厂内移装或者报停报废未及时办理相关手续和未进行移装监督检验。

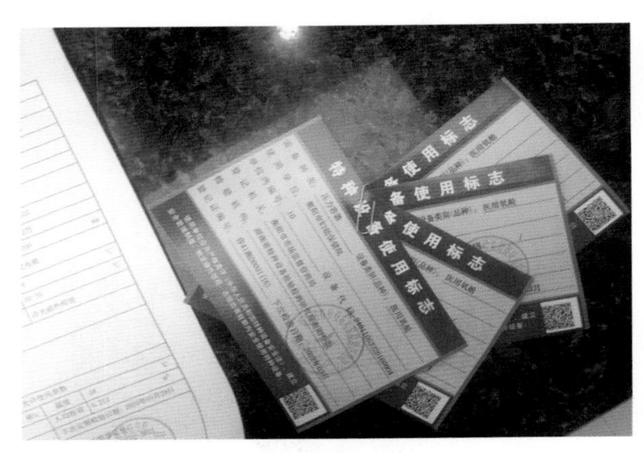

特种设备使用合格证

（18）操作人员未按照相关法规持证上岗。

5.4 起重机械监察、管理的重点以及法规要求

[依据《特种设备使用管理规则》（TSG 08—2017）
《起重机械安全技术监察规程》（TSG Q0002—2008）]

1. 使用单位的定义

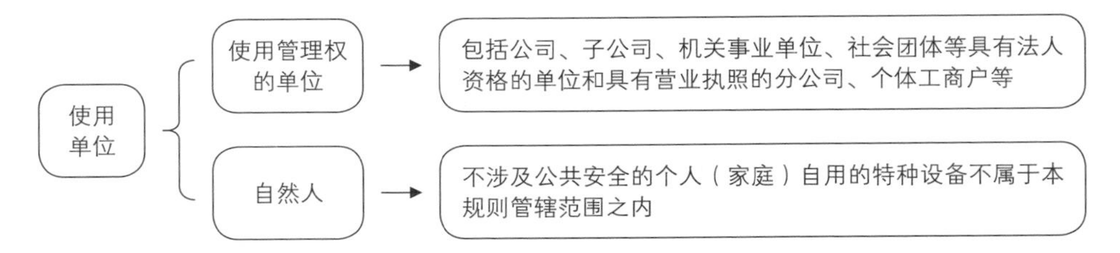

2. 起重机械使用单位机构和人员要求

（1）共有人可以委托物业服务单位或者其他管理人管理特种设备，受托

人是使用单位；共有人未委托的，实际管理人是使用单位；没有实际管理人的，共有人是使用单位。

（2）特种设备用于出租的，出租期间，出租单位是使用单位；法律另有规定或者当事人合同约定的，从其规定或者约定。

（3）符合下列条件之一的起重机械使用单位应设置专门的安全管理机构：①使用石化与化工成套装置的；②使用特种设备总量50台以上（含50台）（不含气瓶）的使用单位。

（4）起重机械使用单位人员资质要求：

1）主要负责人；

2）安全管理负责人：需设置安全管理机构的，要取证；

3）安全管理员：特种设备总量20台以上，需配备专职安全管理员，并取证；

4）作业人员：要取证，使用时保证每班至少一名持证人员在岗。

除前款规定以外的使用单位可以配备兼职安全管理员，也可以委托具有特种设备安全管理人员资格的人员负责使用管理，但是特种设备安全使用的责任主体仍然是使用单位。

3. 起重机械技术档案要求

逐台建立起重机械技术档案，在使用地保存，技术档案至少包括以下内容：

（1）使用登记证；

（2）特种设备使用登记表；

（3）设计、制造技术资料和文件，包括设计文件、产品质量合格证明（含合格证及其数据表、质量证明书）、安装及使用维护保养说明、监督检验证书、型式试验证书等日常维护保养和定期自行检查的记录；

（4）安装、改造和修理的方案、图样，材料质量证明书和施工质量证明文件，安装改造修理监督检验报告、验收报告等技术资料；

（5）定期自行检查记录和定期检验报告；

（6）日常使用状况记录；

（7）特种设备及其附属仪器仪表维护保养记录；

（8）安全附件和安全保护装置校验、检修、更换记录和有关报告运行故障和事故记录及事故处理的报告。

4. 移装

移装后，使用单位应当办理使用登记变更。整体移装的，使用单位应当进行自行检查；拆卸后移装的，使用单位应当选择取得相应许可的单位进行安装。按照有关安全技术规范要求，拆卸后移装需要进行检验的，应当向特种设备检验机构申请检验。

5. 达到设计使用年限的特种设备

特种设备达到设计使用年限，使用单位认为可以继续使用的，应当按照安全技术规范及相关产品标准的要求，经检验或者安全评估合格，由使用单位安全管理负责人同意、主要负责人批准，办理使用登记变更后，方可继续使用。允许继续使用的，应当采取加强检验、检测和维护保养等措施，确保使用安全。

起重机使用单位特别规定：使用单位负责塔式起重机、施工升降机在使用过程中的顶升行为，并且对其安全性能负责。

6. 起重机械使用登记办理

（1）起重机械在投入使用前或者投入使用后30日内，使用单位应当向特种设备所在地的直辖市或者设区的市的特种设备安全监管部门申请办理使用登记。

（2）对于整机出厂的起重机械，一般应当在投入使用前办理使用登记。

（3）流动式起重设备，向产权单位所在地的登记机关申请办理使用登记。

（4）国家明令淘汰或者已经报废的设备，不符合安全性能的特种设备，不予办理使用登记。

（5）起重机使用单位发生变更的，原使用单位应当在变更后30日内到原登记部门办理使用登记注销，新使用单位应当按照规定到所在地的登记部门办理使用登记。登记标志应当置于或者附着于起重机的明显位置。

（6）按台办理使用登记。

7. 起重机械变更登记办理

起重设备改造、移装、变更使用单位或者使用单位更名、达到设计使用年限继续使用的，相关单位应当向登记机关申请变更登记。办理变更登记时，如果产品数据表中的有关数据发生变化，使用单位应当重新填写产品数据表。

变更登记后的特种设备，其设备代码保持不变。

（1）改造完成后，使用单位应当在投入使用前或者投入使用后30日内向登记机关提交原使用登记证、重新填写的使用登记表（一式两份）、改造质量证明资料以及改造监督检验证书（需要监督检验的），申请变更登记，领取新的使用登记证。登记机关应当在原使用登记证和原使用登记表上作注销标记。

（2）在登记机关行政区域内移装的特种设备，使用单位应当在投入使用前向登记机关提交原使用登记证、重新填写的使用登记表（一式两份）和移装后的检验报告（拆卸移装的），申请变更登记，领取新的使用登记证。登记机关应当在原使用登记证和原使用登记表上作注销标记。

（3）跨登记机关行政区域移装特种设备的，使用单位应当持原使用登记证和使用登记表向原登记机关申请办理注销；原登记机关应当注销使用登记证，并且在原使用登记证和原使用登记表上作注销标记，向使用单位签发《特种设备使用登记证变更证明》。移装完成后，使用单位应当在投入使用前，持《特种设备使用登记证变更证明》、标有注销标记的原使用登记表和移装后的检验报告（拆卸移装的），按照《特种设备使用管理规则》（TSG 08—2017）3.4、3.5的规定向移装地登记机关重新申请使用登记。

8. 起重机械停用

拟停用1年以上的，使用单位应当采取有效的保护措施，并且设置停用标志，在停用后30日内填写特种设备停用报废注销登记表，告知登记机关。重新启用时，使用单位应当进行自行检查，到使用登记机关办理启用手续；超过定期检验有效期的，应当按照定期检验的有关要求进行检验。

9. 起重机械报废

对存在严重事故隐患，无改造、修理价值的，或者达到安全技术规范规定的报废期限的，应当及时予以报废，产权单位应当采取必要措施消除该特种设备的使用功能。设备报废时，按应当办理报废手续，填写特种设备停用报废注销登记表，向登记机关办理报废手续，并且将使用登记证交回登记机关。

10. 起重机械维护保养与检查

（1）使用单位应当根据设备特点和使用状况对设备进行经常性维护保养。维护保养应当符合相关安全技术规范和产品使用维护保养说明的要求。对发现的异常情况及时处理，并且作出记录，保证在用设备始终处于正常使用状态。

（2）为保证特种设备的安全运行，特种设备使用单位应当根据所使用特种设备的类别、品种和特性进行定期自行检查，定期自行检查的时间、内容和要求应当符合有关安全技术规范的规定及产品使用维护保养说明的要求。

（3）应当根据设备特点和使用环境、场所，设置安全使用说明、安全注意事项和安全警示标志。

11. 起重机械定期检验

（1）使用单位应当在特种设备定期检验有效期届满前的1个月以内，向特种设备检验机构提出定期检验申请，并且做好相关的准备工作；

（2）移动式（流动式）设备，如果无法返回使用登记地进行定期检验的，可以在异地（指不在使用登记地）进行，检验后，使用单位应当在收到检验报告之日起30日内将检验报告（复印件）报送使用登记机关；

（3）定期检验完成后，使用单位应当组织进行设备管路连接、密封、附件（含零部件、安全附件、安全保护装置、仪器仪表等）和内件安装、试运行等工作，并且对其安全性负责；

（4）检验结论为合格时，使用单位应当按照检验结论确定的参数使用特种设备。

12. 起重机械隐患排查与异常情况处理

（1）使用单位应当按照隐患排查治理制度进行隐患排查，发现事故隐患应当及时消除，待隐患消除后，方可继续使用。

（2）在使用中发现异常情况的，作业人员或者维护保养人员应当立即采取应急措施，并且按照规定的程序向使用单位特种设备安全管理人员和单位有关负责人报告。

（3）使用单位应当对出现故障或者发生异常情况的特种设备及时进行全面检查，查明故障和异常情况原因，并且及时采取有效措施，必要时停止运行，安排检验、检测，不得带病运行、冒险作业，待故障、异常情况消除后，方可继续使用。

13. 应急预案与事故处置

（1）按照本规则要求设置特种设备安全管理机构和配备专职安全管理员的使用单位，应当制定特种设备事故应急专项预案，每年至少演练1次，并且作出记录；其他使用单位可以在综合应急预案中编制特种设备事故应急的内容，适时开展特种设备事故应急演练，并且作出记录。

（2）发生特种设备事故的使用单位，应当根据应急预案，立即采取应急措施，组织抢救，防止事故扩大，减少人员伤亡和财产损失，并且按照《特种设备事故报告和调查处理规定》的要求，向特种设备安全监管部门和有关部门报告，同时配合事故调查和做好善后处理工作。

（3）发生自然灾害危及特种设备安全时，使用单位应当立即疏散、撤离有关人员，采取防止危害扩大的必要措施，同时向特种设备安全监管部门和有关部门报告。

第6章　场（厂）内机动车辆

6.1　场（厂）内机动车辆的定义及分类

场（厂）内机动车辆的定义：根据《特种设备目录》（2014版），场（厂）内机动车辆是指除道路交通、农用车辆以外仅在工厂厂区、旅游景区、游乐场所等特定区域使用的专用机动车辆，包括机动工业车辆和非公路用旅游观光车辆。

6.1.1 机动工业车辆

叉车，是指通过门架和货叉将载荷起升到一定高度进行堆垛作业的自行式车辆，包括平衡重式叉车、前移式叉车、侧面式叉车、插腿式叉车、托盘堆垛车和三向堆垛车。[根据《场（厂）内专用机动车辆安全技术监察规程》（TSG N0001—2017）的规定，叉车不包括可拆卸式属具]

1. 平衡重式叉车

具有承载货物（带托盘或不带托盘）的货叉（也可是其他属具），载荷相对于前轮呈悬臂状态，并且依靠车辆的质量来进行平衡的堆垛用起升车辆。

平衡重式叉车

前移式叉车

2. 前移式叉车

带有外伸支腿，通过移动可伸缩的门架或货叉进行载荷搬运的堆垛用起升车辆。

3. 侧面式叉车

门架或货叉位于两车轴之间，可在垂直于车辆的运行方向横向伸缩，在车辆的一侧以平衡重式的方式进行装载、起升、堆垛或拆垛作业的起升车辆。

侧面式叉车

插腿式叉车

4. 插腿式叉车

带有外伸支腿，货叉位于两支腿之间，载荷质心始终位于稳定多边形内的堆垛用起升车辆。

5. 托盘堆垛车

货叉位于支腿正上方的堆垛用起升车辆。

6. 三向堆垛车

可在车辆的前端及两侧进行堆垛或取货的高起升堆垛车辆。

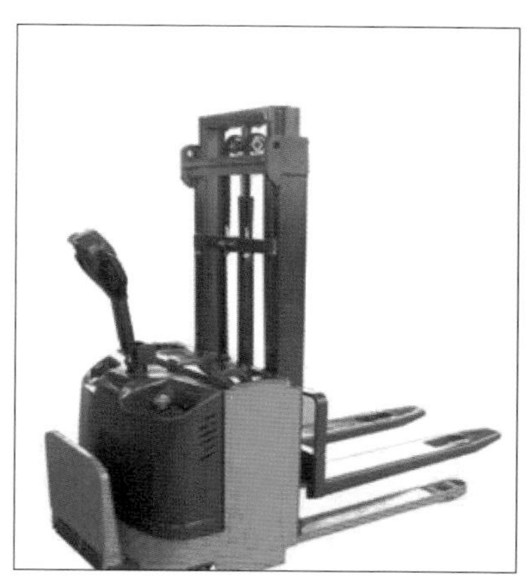
托盘堆垛车

三向堆垛车

6.1.2 非公路用旅游观光车辆

1. 观光车

是指具有4个以上（含4个）车轮的非轨道无架线的非封闭型自行式乘用车

辆，包括蓄电池观光车和内燃观光车。[根据《场（厂）内专用机动车辆安全技术监察规程》（TSG N0001—2017）的规定，蓄电池观光列车的驱动方式为电动机，且其动力源为锂电池组]

2. 观光列车

是指具有8个以上（含8个）车轮的非轨道无架线的、由一个牵引车头与一节或者多节车厢组合的非封闭型自行式乘用车辆，包括蓄电池观光列车和内燃观光列车。

观光车　　　　观光列车

6.2　场（厂）内机动车辆检验分类及常见问题

场（厂）内机动车辆检验分类和常见问题如下：

1. 首次检验

是指在场车使用单位进行自行检查合格的基础上，由特种设备检验机构在场车首次投入使用前或者改造后进行的检验 。[因场（厂）内机动车辆为整机出厂，没有现场安装过程，所以不需要告知，但根据《中华人民共和国特种设备安全法》规定，特种设备使用单位应当在特种设备投入使用前或者投入使用后30日内，向负责特种设备安全监督管理的部门办理使用登记，取得使用登记证书，登记标志应当置于该特种设备的显著位置]

2. 定期检验

是指在场车使用单位进行经常性维护保养和自行检查合格的基础上，特种设备检验机构对纳入使用登记的在用场车按照规定周期（每年1次）进行的检验。

注：改造是指改变原场车动力方式、传动方式、门架结构、车架结构、车身金属结构之一的，或者改变场车原主参数的活动。（场车改造应当由取得相应制造许可的单位实施）

3. 改造流程

从事场车改造的单位，在进行改造施工前，应当按照规定向使用所在地的特种设备安全监督管理部门书面告知，告知后方可改造。改造后，原铭牌不变，同时增加新的场车铭牌，铭牌至少包括从事改造的单位名称、改造日期、许可证编号及相关变化的信息。从事改造的单位应当在场车改造后，由从事改造的单位自检，自检报告应当移交使用单位存档。场车改造后应当进行首次检验，合格并且变更使用登记后方可投入使用。

4. 型式试验

场车型式试验是指在制造单位完成产品全面试验验证合格的基础上，型式试验机构对场车产品是否满足安全技术规范要求而进行的技术审查、样机检查、样机试验等，以验证其安全可靠性所进行的活动。

制造单位首次制造的、境外制造在境内首次投入使用的、安全技术规范提出新的技术要求的，应当进行型式试验。

6.3 场（厂）内机动车辆常见安全隐患

[依据《场（厂）内专用机动车辆安全技术监察规程》（TSG N0001—2017）及规程所涉及的相关标准]

场（厂）内机动车辆常见安全隐患有：

（1）灯光失效：平衡重式叉车应当设置前照灯、制动灯、转向灯等照明和信号装置，其他叉车根据使用工况设置照明和信号装置；观光车辆应当设置前照灯、制动灯、转向灯等照明和信号装置。

叉车的高位灯光组

车辆照明灯及转向灯

（2）喇叭失效：场车应当设置能够发出清晰声响的警示装置。

（3）无安全带或安全带损坏：TSG N0001—2017规程发布之前，叉车出厂时未强制要求加装安全带，TSG N0001—2017规程发布之后，座驾式叉车的驾驶人员位置上应当配备安全带等防护约束装置。观光车辆则要求每个座位配备安全带。

（4）驻车制动工作不可靠或者驻车制动失效。

（5）充气轮胎胎壁破裂割伤。

（6）充气轮胎胎面花纹磨损超标。

正常的轮胎花纹

安全带插座

（7）蓄电池车辆紧急断电装置失效：该装置在电路失控时，驾驶人员应当能方便地切断总电源。

蓄电池车辆紧急断电装置

车辆的信号开关

（8）同一轴上的轮胎规格和花纹不一致。

（9）司机无证驾驶。

（10）新购置场（厂）内机动车辆未及时申请首次检验和办理注册登记。

司机证件

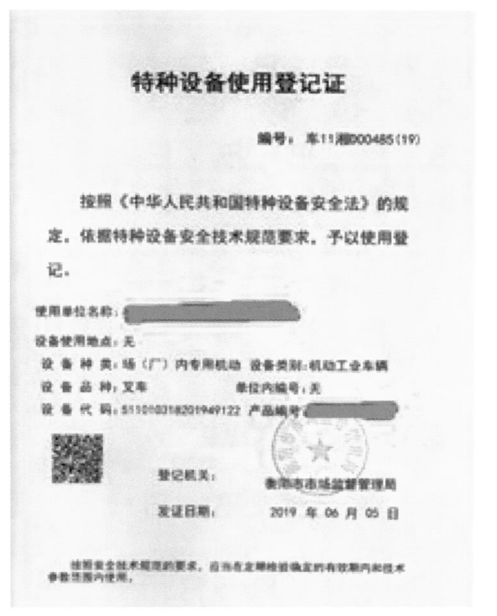

特种设备使用登记证

编号：车11湘D00485(19)

按照《中华人民共和国特种设备安全法》的规定，依据特种设备安全技术规范要求，予以使用登记。

使用单位名称：

设备使用地点：无

设备种类：场（厂）内专用机动　设备类别：机动工业车辆

设备品种：叉车　单位内编号：无

设备代码：511010318201949122　产品编号：

登记机关：衡阳市市场监督管理局

发证日期：2019 年 06 月 05 日

车辆使用登记证

6.4 场（厂）内机动车辆监察、管理的重点以及法规要求

6.4.1 使用单位的基本要求

使用单位的基本要求遵守《场（厂）内专用机动车辆安全技术监察规程》（TSG N0001—2017）和《特种设备使用管理规则》的规定，同时还应当符合以下要求：

（1）取得营业执照，个人的也要先去注册后才可以；

（2）对其区域内使用场车的安全负责；

（3）根据场车的用途、使用环境，选择适应使用条件要求的场车，并且对所购买场车的选型负责；

（4）购置观光车辆时，保证观光车辆的设计爬坡度能够满足使用单位行驶线路中的最大坡度的要求，并在销售合同中明确；

（5）场车首次投入使用前，向产权单位所在地的特种设备检验机构申请首次检验；

（6）检验有效期届满的1个月以前，向特种设备检验机构提出定期检验申请，接受检验，并且做好定期检验相关的配合工作；

（7）流动作业的场车使用期间，在使用所在地或者使用登记所在地进行定期检验；

（8）制定安全操作规程，至少包括系安全带、转弯减速、下坡减速和超高限速等要求；

（9）场车驾驶人员取得相应的特种设备作业人员证，持证上岗；

（10）按照TSG N0001—2017规程要求，进行场车的日常维护保养、自行检查和全面检查；

（11）叉车使用中，如果将货叉更换为其他属具，该设备的使用安全由使用单位负责；

（12）在观光车辆上配备灭火器；

（13）履行法律、法规规定的其他义务。

作业环境：

（1）场车的使用单位应当根据本单位场车工作区域的路况，规范本单位场车作业环境；

（2）观光车行驶的路线中，最大坡度不得大于10%（坡长小于20m的短坡除外），观光列车的行驶路线中，最大坡度不得大于4%（坡长小于20m的短坡除外）；

（3）场车如果在《道路交通安全法》规定的道路上行驶，应当遵守公安交通管理部门的相关规定；

（4）因气候变化原因，使用单位可以采取遮风、挡雨等措施，但是不得改变观光车辆非封闭的要求。

观光车辆的行驶线路图：

使用单位对观光车辆行驶线路的安全负责。使用单位应当制定车辆运营时的行驶线路图，并且按照线路图在行驶路线上设置醒目的行驶线路标志，明确行驶速度等安全要求。观光车辆的行驶路线图，应当在乘客固定的上下车位置明确标识。

6.4.2 日常维护保养和检查

1. 一般要求

（1）使用单位应当对在用场车至少每月进行1次日常维护保养和自行检查，每年进行1次全面检查，保持场车的正常使用状态；日常维护保养和自行检查、全面检查应当按照有关安全技术规范和产品使用维护保养说明的要求进行，发现异常情况，应当及时处理，并且记录，记录存入安全技术档案；日常维护保养、自行检查和全面检查记录至少保存5年；

（2）场车在每日投入使用前，使用单位应当按照使用维护保养说明的要求进行试运行检查，并且作出记录；在使用过程中，使用单位应当加强对车的巡检，并且作出记录；

（3）场车出现故障或者发生异常情况，使用单位应当停止使用，对其进行全面检查，消除事故隐患，并且作出记录，记录存入安全技术档案；

（4）场车的日常维护保养、自行检查由使用单位的场车作业人员实施，全面检查由使用单位的场车安全管理人员负责组织实施，或者委托其他专业机构实施；如果委托其他专业机构进行，应当签订相应合同，明确责任。

2. 日常维护保养、自行检查和全面检查

使用单位应当根据叉车和观光车辆具体类型，按照有关安全技术规范及

相关标准、使用维护保养的要求，选择日常维护保养、自行检查、全面检查的项目。使用单位可以根据场车的使用繁重程度、环境条件状况，确定高于本规程规定的日常维护保养、自行检查和全面检查的周期和内容。

3. 有关项目和内容的基本要求

（1）在用场车的日常维护保养，至少包括主要受力结构件、安全保护装置、工作机构、操纵机构、电气（液压、气动）控制系统等的清洁、润滑、检查、调整、更换易损件和失效的零部件；

（2）在用场车的自行检查，至少包括整车工作性能、动力系统、转向系统、起升系统、液压系统、制动功能、安全保护和防护装置、防止货叉脱出的限位装置（如定位锁）、载荷搬运装置、车轮紧固件、充气轮胎的气压、警示装置、灯光、仪表显示等，以及《场（厂）内专用机动车辆安全技术监察规程》（TSG N0001—2017）附件B、附件C中定期（首次）检验的项目；

（3）在用场车的全面检查，除包括前项要求的自行检查的内容外，还应当包括主要受力结构件的变形、裂纹、腐蚀，以及其焊缝、铆钉、螺栓等的连接，主要零部件的变形、裂纹、磨损，指示装置的可靠性和精度，电气和控制系统功能的检查，必要时还需要进行相关的载荷试验。

6.4.3 场（厂）内机动车辆使用管理相关知识（《特种设备使用管理规则》）

1. 场（厂）内机动车辆使用单位机构和人员要求

场（厂）内机动车辆使用单位符合以下条件时，需设置专门的安全管理机构，并逐台落实安全责任人：

（1）使用10台以上（含10台）大型游乐设施的，或者10台以上（含10台）为公众提供运营服务的非公路用旅游观光车辆的；

（2）使用特种设备（不含气瓶）总量大于50台（含50台）的。

2. 场（厂）内机动车辆使用单位人员资质要求

（1）安全管理负责人（需设置安全管理机构的，要取证）；

（2）有以下情况者，需配备专职安全管理员，并取证：各类特种设备总量20台以上；

（3）作业人员，取证且证在有效期内，保证每台车至少一人。

3. 场（厂）内机动车辆技术档案要求

使用单位应当逐台建立特种设备安全与节能技术档案，安全技术档案至少包括以下内容：

（1）使用登记证；

（2）特种设备使用登记表；

（3）特种设备的设计、制造技术资料和文件，包括设计文件、产品质量合格证明（含合格证及其数据表、质量证明书）、安装及使用维护保养说明、监督检验证书、型式试验证书等；

（4）特种设备的安装、改造和修理的方案、图样，材料质量证明书和施工质量证明文件、安装改造维修监督检验报告、验收报告等技术资料；

（5）特种设备的定期自行检查记录和定期检验报告；

（6）特种设备的日常使用状况记录；

（7）特种设备及其附属仪器仪表的维护保养记录；

（8）特种设备安全附件和安全保护装置校验、检修、更换记录和有关报告；

（9）特种设备的运行故障和事故记录及处理报告。

使用单位应当在设备使用地保存以上（1）、（2）、（5）、（6）、（7）、（8）、（9）规定的资料原件，以便备查。

4. 场（厂）内机动车辆使用登记和变更

（1）使用登记

1）特种设备在投入使用前或者投入使用后30日内，使用单位应当向特种设备所在地的直辖市或者设区的市的特种设备安全监管部门申请办理使用登记。办理使用登记的直辖市或者设区的市的特种设备安全监管部门，可以委托下一级特种设备安全监管部门（以下简称登记机关）办理使用登记；对于整机出厂的特种设备，一般应当在投入使用前办理使用登记；

2）流动作业的特种设备，向产权单位所在地的登记机关申请办理使用登记；

3）国家明令淘汰或者已经报废的特种设备，不符合安全性能或者能效指标要求的特种设备，不予办理使用登记。

（2）变更登记

按台（套）登记的特种设备改造、移装、变更使用单位或者使用单位更名、达到设计使用年限继续使用的，按单位登记的特种设备变更使用单位或者使用单位更名的，相关单位应当向登记机关申请变更登记。

办理特种设备变更登记时，如果特种设备产品数据表中的有关数据发生变化，使用单位应当重新填写产品数据表。变更登记后的特种设备，其设备代码保持不变。

1）改造变更

特种设备改造完成后，使用单位应当在投入使用前或者投入使用后30日内向登记机关提交原使用登记证、重新填写使用登记表（一式两份）、改造质量证明资料以及改造监督检验证书（需要监督检验的），申请变更登记，领取新的使用登记证。登记机关应当在原使用登记证和原使用登记表上作注销标记。

2）单位变更

特种设备需要变更使用单位，原使用单位应当持使用登记证、使用登记表和有效期内的定期检验报告到原登记机关办理变更；或者产权单位凭产权证明文件，持使用登记证有效期内的定期检验报告到原登记机关办理变更；登记机关应当在原使用登记证和原使用登记表上作注销标记，签发特种设备使用登记证变更证明；

3）更名变更

使用单位或者产权单位名称变更时，使用单位或者产权单位应当持原使用登记证、单位名称变更的证明资料，重新填写使用登记表（一式两份），到登记机关办理更名变更，换领新的使用登记证。2台以上批量变更的，可以简化处理。

4）不得申请单位变更的情况

有下列情形之一的特种设备，不得申请办理单位变更：

①已经报废或者国家明令淘汰的；

②进行过非法改造、修理的；

③无出厂技术资料的；

④检验结论为不合格或者能效测试结果不满足法规、标准要求的。

5）停用

特种设备拟停用1年以上的，使用单位应当采取有效的保护措施，并且设置停用标志，在停用后30日内填写特种设备停用报废注销登记表，告知登记机关。重新启用时，使用单位应当进行自行检查，到使用登记机关办理启用手续；超过定期检验有效期的，应当按照定期检验的有关要求进行检验。

6）报废

对存在严重事故隐患，无改造、修理价值的特种设备，或者达到安全技术规范规定的报废期限的，应当及时予以报废，产权单位应当采取必要措施消除该特种设备的使用功能。特种设备报废时，按台（套）登记的特种设备应当办理报废手续，填写特种设备停用报废注销登记表，向登记机关办理报废手续，并且将使用登记证交回登记机关。

非产权所有者的使用单位经产权单位授权办理特种设备报废注销手续时，需提供产权单位的书面委托或者授权文件。

使用单位和产权单位注销、倒闭、迁移或者失联，未办理特种设备注销手续的，使用登记机关可以采用公告的方式停用或者注销相关特种设备。

7）使用标志

①特种设备使用登记标志与定期检验标志合二为一，统一为特种设备使用标志；

②场（厂）内专用机动车辆的使用单位应当将车牌照固定在车辆前后悬挂车牌的部位。

第7章 大型游乐设施

7.1 概述

《中华人民共和国特种设备安全法》规定，国家对特种设备实行目录管理。大型游乐设施是指用于经营目的、承载乘客游乐的设施，其范围规定为设计最大运行线速度大于或者等于2m/s，或者运行高度距地面高于或者等于2m的载人大型游乐设施。用于体育运动、文艺演出和非经营活动的大型游乐设施除外。根据《特种设备目录》将大型游乐设施分为13类，即：观览车类、滑行车类、架空游览车类、陀螺类、飞行塔类、转马类、自控飞机类、赛车类、小火车类、碰碰车类、滑道类、水上游乐设施（峡谷漂流系列、水滑梯系列、碰碰船系列）、无动力游乐设施（蹦极系列、滑索系列、空中飞人系列、系留式观光气球系列）。

大型游乐设施分类表

代码	种类	类别	品种
6000	大型游乐设施		
6100		观览车类	
6200		滑行车类	
6300		架空游览车类	
6400		陀螺类	
6500		飞行塔类	
6600		转马类	
6700		自控飞机类	
6800		赛车类	
6900		小火车类	
6A00		碰碰车类	
6B00		滑道类	
6D00		水上游乐设施	
6D10			峡谷漂流系列
6D20			水滑梯系列
6D40			碰碰船系列
6E00		无动力游乐设施	
6E10			蹦极系列
6E40			滑索系列
6E50			空中飞人系列
6E60			系留式观光气球系列

7.1.1 大型游乐设施的分级

纳入安全监察的游乐设施按危险程度分为A、B、C三级，分级原则按速度、高度、摆角等技术参数。根据国家质量监督检验检疫总局《关于调整大型游乐设施分级并做好大型游乐设施检验和型式试验工作的通知》（国质检特函〔2007〕373号），对《游乐设施安全技术监察规程（试行）》（国质检锅〔2003〕34号）“附件2 游乐设施分级表”进行如下调整：缩小原A级设备范围，提高原B级设备分级上限参数，原C级设备范围不变。分级方法见下表：

大型游乐设施分级表

类别	主要运动特点	形式	主要参数		
			A级	B级	C级
观览车类	绕水平轴转动或摆动	观览车系列	高度≥50m	50m>高度≥30m	其他
		海盗船系列	单侧摆角≥90°，或乘客≥40人	90°>单侧摆角≥45°，且乘客<40人	
		观览车类其他形式	回转直径≥20m，或乘客≥24人	单侧摆角≥45°，且回转直径<20m，且乘客<24人	
滑行车类	沿架空轨道运行或提升后惯性滑行	滑道系列	滑道长度≥800m	滑道长度<800m	无
		滑行车类其他形式	速度≥50km/h，或轨道高度≥10m	50km/h>速度≥20km/h，且10m>轨道高度≥3m	其他
架空游览车类		全部形式	轨道高度≥10m，或单车（列）乘客≥40人	10m>轨道高度≥3m，且单车（列）乘客<40人	其他
陀螺类	绕可变倾角的轴旋转	全部形式	倾角≥70°，或回转直径≥12m	70°>倾角≥45°，且12m>回转直径≥8m	其他
飞行塔类	用挠性件悬吊并绕垂直轴旋转、升降	全部形式	运行高度≥30m，或乘客≥40人	30m>运行高度≥3m，且乘客<40人	其他
转马类	绕垂直轴旋转、升降	全部形式	回转直径≥14m，或乘客≥40人	14m>回转直径≥10m，且运行高度≥3m，且乘客<40人	其他
自控飞机类					
水上游乐设施	在特定水域运行或滑行	全部形式	无	高度≥5m，或速度≥30km/h	其他
无动力游乐设施	弹射或提升后自由坠落（摆动）	滑索系列	滑索长度≥360m	滑索长度<360m	无
		无动力类其他形式	运行高度≥20m	20m>运行高度≥10m	其他
赛车类、小火车类、碰碰车类、电池车类	在地面上运行	全部形式	无	无	全部

上表中分级参数的含义：

乘客：指设备额定满载运行过程中同时乘坐游客的最大数量。对单车

（列）乘客，是指相连的一列车同时容纳的乘客数量。

高度：对观览车系列，指转盘（或运行中座舱）最高点距主立柱安装基面的垂直距离（不计算避雷针高度；以上所得数值取最大值）。对水上游乐设施，指乘客约束物支承面（如滑道面）距安装基面的最大竖直距离。

轨道高度：指车轮与轨道接触面最高点距轨道支架安装基面最低点之间的垂直距离。

运行高度：指乘客约束物支承面（如座位面）距安装基面运动过程中的最大垂直距离。对无动力类游乐设施，指乘客约束物支承面（如滑道面、吊篮底面、充气式游乐设施乘客站立面）距安装基面的最大竖直距离，其中高空跳跃蹦极的运行高度是指起跳处至下落最低的水面或地面。

单侧摆角：指绕水平轴摆动的摆臂偏离铅垂线的角度（最大180°）。

回转直径：对绕水平轴摆动或旋转的设备，指其乘客约束物支承面（如座位面）绕水平轴的旋转直径。对陀螺类设备，指主运动做旋转运动，其乘客约束物支承面（如座位面）最外沿的旋转直径。对绕垂直轴旋转的设备，指其静止时座椅或乘客约束物最外侧绕垂直轴为中心所得圆的直径。

滑道长度：指滑道下滑段和提升段的总长度。

滑索长度：指承载索固定点之间的斜长距离。

倾角：指主运动（即转盘或座舱旋转）绕可变倾角轴做旋转运动的设备，其主运动旋转轴与铅垂方向的最大夹角。

速度：指设备运行过程中座舱达到的最大线速度，水上游乐设施指乘客达到的最大线速度。

7.1.2 设计审查和检验

按照《游乐设施安全技术监察规程（试行）》（国质检锅〔2003〕34号）的规定，A级或B级游乐设施必须进行设计审查及型式试验，设计审查及型式试验由国家特种设备安全监察机构许可的国家游乐设施监督检验机构（目前为中国特种设备检测研究院）

A级游乐设施，由国家游乐设施监督检验机构（目前为中国特种设备检测研究院）进行监督检验和定期检验；B级和C级游乐设施，由所在地区经国家特种设备安全监察机构授权的监督检验机构（如湖南省为湖南省特种设备检验检测研究院）进行监督检验和定期检验，首台（套）游乐设施的型式试验与监督检验由国家游乐设施监督检验机构一并进行。

7.1.3 大型游乐设施法规标准体系

现有国家游乐设施法规：

1）法律：《中华人民共和国特种设备安全法》；

2）行政法规：《特种设备安全监察条例》；

3）部门规章：《大型游乐设施安全监察规定》《特种设备事故报告和调查处理规定》；

4）安全技术规范，如《游乐设施技术监察规程（试行）》《游乐设施监督检验规程（试行）》《大型游乐设施设计文件鉴定规则（试行）》《特种设备生产和充装单位许可规则》《特种设备作业人员考核规则》。

5）大型游乐设施国家标准体系：

《大型游乐设施安全规范》（GB 8408）

《转马类游乐设施通用技术条件》（GB/T 18158）

《滑行车类游乐设施通用技术条件》（GB/T 18159）

《陀螺类游艺机通用技术条件》（GB/T 18160）

《飞行塔类游乐设施通用技术条件》（GB/T 18161）

《赛车类游艺机通用技术条件》（GB/T 18162）

《自控飞机类游乐设施通用技术条件》（CB/T 18163）

《观览车类游乐设施通用技术条件》（CB/T 18164）

《小火车类游乐设施通用技术条件》（GB/T 18165）

《架空游览车类游艺机通用技术条件》（GB/T 18166）

《水上游乐设施游艺机通用技术条件》（CB/T 18168）

《碰碰车类游艺机通用技术条件》（GB/T 18169）

《电池车类游艺机通用技术条件》（GB/T 18170）

《滑道设计规范》（GB/T 18878）

《滑道安全规范》（GB 18879）

《游乐设施代号》（CB/T 20049）

《游乐设施术语》（CB/T 20306）

《无动力类游乐设施技术条件》（GB/T 20051）

《蹦极通用技术条件》（GB/T 31257）

《滑索通用技术条件》（GB/T 31258）

《游乐设施安全使用管理》（GB/T 30220）

《游乐设施安全防护装置通用技术条件》（GB/T 28265）

《游乐园（场）服务质量》（GB/T 16767）

7.2 大型游乐设施结构及主要零部件

大型游乐设施种类繁多，结构复杂，总共有13大类，分别是观览车类、滑行车类、架空游览车类、陀螺类、飞行塔类、转马类、自控飞机类、赛车类、小火车类、碰碰车类、滑道类、水上游乐设施、无动力游乐设施。

熟悉和掌握大型游乐设施的结构特点及工作原理等知识，对从事大型游乐设施的监察、管理、安装、修理、维护保养及操作等作业人员来说是必不可少的。下面分别介绍目前几种典型的大型游乐设施的结构特点和工作原理。

7.2.1 观览车类

其运动特点为乘人部分绕水平轴转动或摆动，主要有观览车、海盗船、大摆锤等。

1. 观览车（摩天轮）

运动形式：观览车运行一般是通过驱动装置的摩擦轮带动转盘旋转，吊厢悬挂在转盘外侧支撑架上，随着转盘转动使吊厢在旋转过程中作圆周升降运动；观览车速度比较慢，一般为15 ~18m/min，以便在连续运行的情况下，乘客能方便和安全上下。

传动方式：电动机→减速机→摩擦轮→转盘→吊厢绕主轴旋转。

观览车主要参数见下表：

观览车主要参数

吊厢线速度	0.22m/s	设备高度	110m
转盘速度	16 min/r	承载人数	200人
回转直径	82m		

大型观览车一般称摩天轮，根据观览车传动方式分摩擦轮观览车、柱销齿轮观览车、液压马达传动观览车，一般中、小型观览车采用前2种传动方式。观览车吊厢可以分为封闭式和非封闭式两种。目前，大多数观览车辆都采用封闭式吊厢。

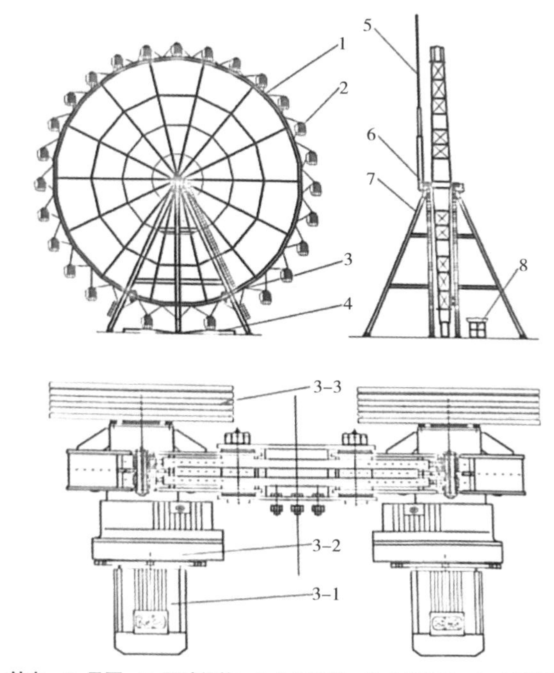

1. 转盘；2. 吊厢；3. 驱动机构：3-1 电动机，3-2 减速机，3-3 摩擦轮；
4. 站台；5. 避雷针；6. 主轴；7. 立柱；8. 操作控制室

摩天轮结构

摩天轮外观

观览车绕水平中心轴转动，其相对运行速度应不大于0.3m/s，以便于在不停机的情况下，乘客能比较方便地上和下。

摩擦轮传动观览车主要由驱动电动机带动链轮，通过传动装置带动轮胎转动，轮胎由弹簧施加压力压紧在转盘的摩擦盘上，通过轮胎与摩擦盘的摩擦力带动观览车运行。

柱销齿轮传动观览车由电动机带动减速器，减速器带动柱销齿轮，齿轮与齿条相啮带动转盘转动。

液压马达传动观览车由液压马达带动小齿轮，小齿轮与大齿轮啮合带动转盘转动。

观览车一般由驱动装置、立柱、转盘、吊厢、站台、控制室、安全栅栏和备用发电机等组成。

驱动装置一般有电动机、液压马达。

立柱有双支承形式、单支承形式（又称悬臂式，如花篮式观览车）。

转盘根据结构形式分有钢索式、桁架式和桁架钢索式等。钢索式的特点就是滚道盘与主轴之间通过钢索相连接；桁架式的特点就是通过桁架从主轴出发延伸，最后外圈桁架形成大的转盘；也有无轮辐式观览车，中间没有任何支承，摩天轮自身并不转动，转动的是沿轨道旋转的吊厢。转盘能正反转，有液压系统过压保护装置，在停电或故障状态下有疏导乘客措施。

吊厢有全封闭和半封闭，即全封闭吊厢一般有啤酒桶形和水滴形；半封闭吊厢一般在单支承形式的观览车上用得比较多。吊厢的主要受力结构件由钢材制成，封闭吊厢的材料一般用的是铁皮、玻璃钢、有机玻璃等。吊厢门有两道锁，吊厢门、窗有防护栏杆，吊厢吊挂轴有保险措施。

站台供乘客上下，它的构造方法有钢结构、砖混结构。

控制室主要安放设备的控制台，控制台应有广阔的视野，能够方便操作人员观察设备的运行状况，以便及时控制设备的运行。

安全栅栏是设备运行区域与周围乘客通道的有效隔离，可以有效阻止乘客的一些不安全行为。

备用发电机是一种应急救援装备，在设备处于停电状态下，可以快速启动设备，对乘客进行疏散。

2. 海盗船

运动原理一般为安装在乘人座舱底部的驱动轮胎搓动船体主梁，提升船体的摆幅，摆动到一定角度后，驱动电源断电，最后由制动系统对船体进行减速并制停。因船头上有一个“海盗”的装饰而得名为海盗船。

海盗船外观

海盗船一般由乘人座舱、支架、悬架系统、动力系统、站台、操作室、安全栅栏等组成。乘人座舱一般由槽钢做成船体骨架，玻璃钢座椅安装在骨架上，船舱头部一般安装玻璃钢制成的海盗或龙头。支架主要以钢管焊接和法兰螺栓连接，支架顶部一般为人字形的焊接结构件，其通过法兰与4个主立柱连接，主立柱的另一端与设备基础通过预埋铁板焊接或地脚螺栓连接。悬架系统一般由吊耳、吊挂轴、吊挂臂组成。吊耳一般用厚钢板切割而成，它在支架加工前就焊接在支架主横梁上，通过吊挂轴与下部的吊挂臂进行连接。吊挂臂主要是由方管和槽钢焊接而成的桁架结构。动力系统一般由槽钢做成矩形底座，底座上安装着电动机、带轮和轮胎。底座的一端通过铰接与基础预埋件相连，另一端通过销轴与气缸（或液压缸）连接，而气缸的另一端则与基础预埋件铰接。海盗船安全装置主要有：座舱船体吊挂轴两道保险钢丝绳、座舱摆角限位装置、船体外侧挡杆、安全压杠、安全带、制动装置、安全压杠锁紧装置、安全栅栏等。

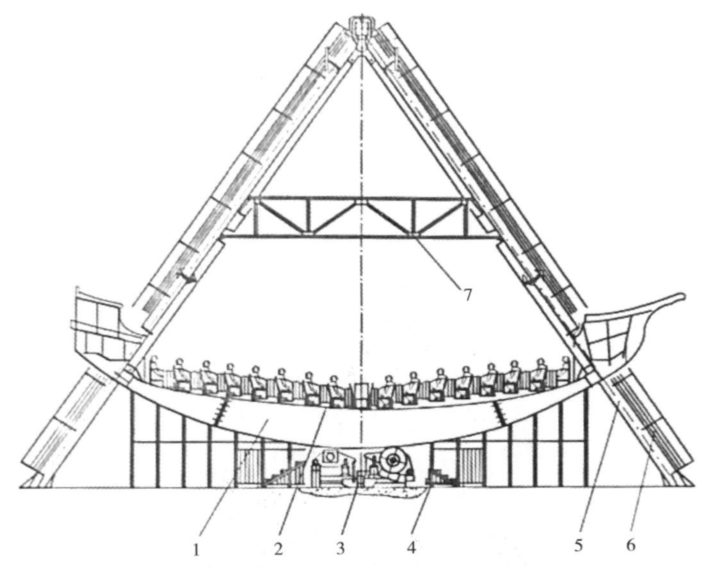

1. 船体：船头、船身、船尾、吊耳；2. 座椅、安全压杆；
3. 动力部件（底架、驱动装置和制动装置等）；
4. 站台梯级、栏杆；5. 主体支撑架：立柱、人字架、横梁等；
6. 检修梯；7. 吊架：拉杆、连接轴等

海盗船的结构

3. 大摆锤

大摆锤运动原理一般为由主电动机驱动吊臂带动座舱摆动，座舱同时做自旋转运动，吊臂摆动到设计摆角后，驱动电源断电，座舱随着自重缓慢降低摆动角度，运行末期，控制系统通过电制动逐渐降低并制停座舱，设备在起动及停止时伴有上下乘客平台的降落与起升。

大摆锤外观

大摆锤一般由支架、吊挂系统、旋转动力系统、座舱、摆动动力系统、站台和操作控制系统等组成。吊挂系统是由一根方管或圆管制成的吊挂臂和座舱组成，吊挂臂下端通过对接法兰和座舱的回转支承外圈连接在一起，吊挂臂上端通过法兰与支架横梁旋转筒连接。旋转动力系统是由直流电动机、减速器齿轮箱、内啮合齿轮副和回转支承构成。座舱是6个座椅框架和6个连接臂之间通过法兰连接组成，每个座椅框架上安装多个座椅，每个座椅上安装有安全压杠和安全带。摆动动力系统是由两个直流电动机串联连接同步运行，直流电动机通过减速器连接齿轮与安装在支架横梁上回转支承的齿轮啮合。站台是由固定平台和活动平台两部分组成。固定平台是钢筋混凝土制成的基础平台；活动平台是由4个可升降的小平台构成1个内圆外方的整体平台。每1个小平台上面铺设有花纹板，下面有槽钢制成的支架，平台的外侧通过铰接与方管制成的支架连接，内侧通过铰接与气缸（液压缸）连接，气缸（液压缸）的另一端与基础支架通过铰接连接。设备开始运行前气缸（液压缸）收缩，站台下降；设备运行结束气缸（液压缸）顶升，站台上升至水平。大摆锤安全装置主要有座位安全压杠、束腰安全带、座位安全挡块及裆部安全带、安全压杠锁紧装置、吊臂铅锤限位、吊臂摆角限位、平台顶升限位、平台下降限位、外部确认按钮、压杠锁紧限位、座舱旋转定位限位等。

7.2.2 滑行车类

滑行车类的运动特点：车辆本身无动力，由提升装置提升到一定高度后，靠惯性沿轨道运行；或车辆本身有动力，在起伏较大的轨道上运行。主要有悬挂式过山车、激流勇进、疯狂老鼠、滑行龙、太空飞车、果虫滑车等。

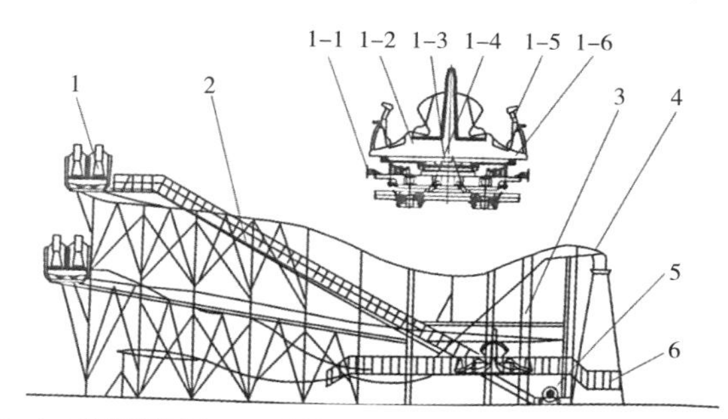

1. 滑行车：1–1 车缓冲装置，1–2 座舱，1–3 中心轴，1–4 防倒装置，1–5 安全压杆，1–6 行走轮组件；2. 提升段；3. 立柱；4. 轨道；5. 提升机构；6. 安全栅栏

滑行车的结构

1. 过山车

悬挂式过山车的运动原理一般为：当乘客入座后，由站内操作人员压紧安全压杠，系紧安全带，确定符合开机运行条件后，由操作人员启动设备运行，站台制动装置、推进系统、轨道提升电动机先后自动开启运行，此时活动平台下降，列车驶出站台，并通过提升链条牵引至轨道提升段最高点后释放，列车沿着轨道惯性滑行，最终进入轨道缓冲区后减速并停止，再由站前、站内推进系统驱动车辆至停车位，站内活动平台提升，乘客下车。悬挂式过山车由滑行导轨、立柱、列车、提升系统、推进系统、制动系统、站台、电气系统等组成。

悬挂式过山车

（1）滑行导轨有高速俯冲下滑段、高空翻转的立环段、螺旋推进的螺旋段等部分。轨道由一对主钢管组成，通过方管制成的托架与主支承结构焊接在一起，主支承结构再通过法兰和立柱或龙门架连接。

滑行导轨

（2）立柱由钢结构组成，根据轨道的走向结构各不相同，有的对轨道起支承作用，有的对轨道起吊挂作用；有的是龙门架，有的是人字架。

（3）列车由多辆车组成，每辆车并排坐2位乘客。乘客坐在吊椅上，吊椅顶部与轮桥连接，轮桥两侧各安装有一组轮系，每组轮系含行走轮、下导轮。每组轮系均从3个方向即上侧、下侧、内侧包住轨道，轮桥之间通过连接器十字铰接。

轮系与轨道的连接

（4）提升系统由直流电动机驱动链条将列车提升到顶端（最高处），直流电动机固定在提升段的顶部。

（5）推进系统在站台装有多组推进轮，将列车从站台推进到提升段。

（6）制动系统一般设有两组，每组有多套制动装置：一组设置在站台，另一组设置在站台外缓冲区。每套制动装置均有气囊，通过气动系统控制气囊充气实现制动。

（7）站台由两部分组成，一部分是钢结构的活动站台，在座椅的正下方，过山车起动前站台下降，进站停稳后升起来，方便乘客上下；另一部分是固定站台。在活动站台的两侧电气系统由各个部分的控制系统组成，有进出口门控制系统、升降站台控制系统、推进电动机控制系统、提升电动机控制系统、制动控制系统等。

（8）必须具备的安全装置及措施：安全压杠、压杠与电气的连锁系统、安全带、安全把手、轨道及站台上可靠的制动装置、车辆止逆装置、车辆连接器保险装置、防止两列（辆）车碰撞的自动控制装置、疏导乘客措施。

2. 激流勇进

激流勇进的运动原理一般为：主水泵首先起动，它把水从水池抽到第一提升段附近的水槽内，当水槽水位满足船安全出发条件后，船从站台出发，顺着水流前行到第一提升段并下滑，再进入第二提升段后下滑，最后回到站台。整个过程中，船的运动受到船体防撞自控系统的保护，船在两个下滑段如果由于故障而导致未能顺利冲到水道底部，防撞自控系统就会停止提升电动机的运行，阻止后来船俯冲而发生船体相撞事故。

激流勇进

激流勇进由水道、站台、船、泵站、第一提升段、第二提升段、制动系统及控制系统等部分组成，并由水道将各机构连接成一体。水道为矩形截面的钢筋混凝土结构，由低水道和高水道组成。站台是上下乘客的地方，它建在低水道的中间位置，是乘客上下船的通道，水道底部装有多个制动闸。站台上设有控制台，用于控制水泵运转及船的进出。

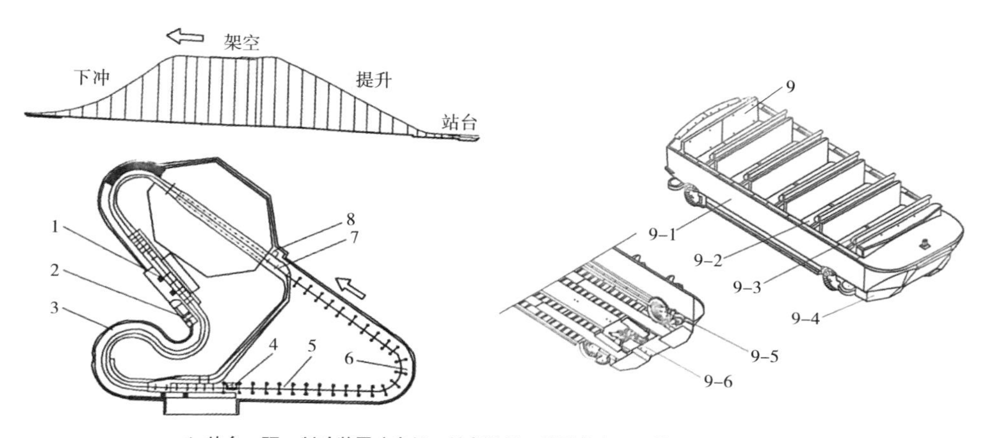

1. 站台：驱、制动装置（电机、链条链轮、橡胶轮）；2. 控制室；3.水槽；
4. 提升机构（电机、减速机、防倒装置、链条）；5. 提升轨道；6. 高架轨道；
7. 下冲轨道；8. 水泵；9. 船体：9–1 玻钢船外壳，9–2 坐席，9–3 安全压杆，
9–4 钢构底架，9–5 行走轮组（行走轮、傍轮、转向支架），9–6 挂链装置及防倒装置

激流勇进的结构

船由玻璃钢制成，船体底部安装轮子用于控制运行方向及在滑道上行驶，船体坚固结实，外形美观。主要由前后导向轮、滑行轮、船体、安全把手、座椅等组成，是承载乘客的载体。前后导向轮主要作用是保证船体沿着水道的走向安全前行。滑行轮在船体下滑时，能确保船体安全平稳地沿着滑道急速下滑。船体不得设置安全带，以防发生意外时，乘客在船内不能及时解开安全带而溺水，但船内必须设置安全把手。船体座舱前后端还设置了软体，防止乘客在下滑时磕伤。装在底盘侧面的4个轮子主要是控制船的方向，起导向作用。而船体的止逆装置装在行走轮系上。供水系统一般安装在第一提升段底部，运行时水泵向水道内供水，以维持水道内足够流量的水推动船只向前运行。第一提升段由提升段和下滑段组成，其作用是将船从低水道提升到高水道。第二提升段也由提升段和下滑段组成，其作用是将船提升到最高点，然后顺着滑道快速下滑。

激流勇进的船体

制动系统由各自独立的制动闸组成。制动闸是电磁阀起动，压缩空气驱动气缸迫使船停靠，也有用手动转动转向盘控制船停靠的。

控制系统主要由电气配电柜及操作控制台组成，电气配电柜安装在主水泵近端，操作控制台安装在站台内，由操作人员操作控制设备运行。

安全装置有止逆装置、把手、防撞自控系统、水位监测系统、船体前后缓冲装置、安全救援通道、安全栅栏等。

7.2.3 架空游览车类

架空游览车类的运动特点为沿架空轨道运行，主要有太空漫步、爬山车等。

1. 太空漫步

太空漫步的运动原理由直线运动和旋转运动组成。直线运动的动力源分为人力和机械两种。

太空漫步

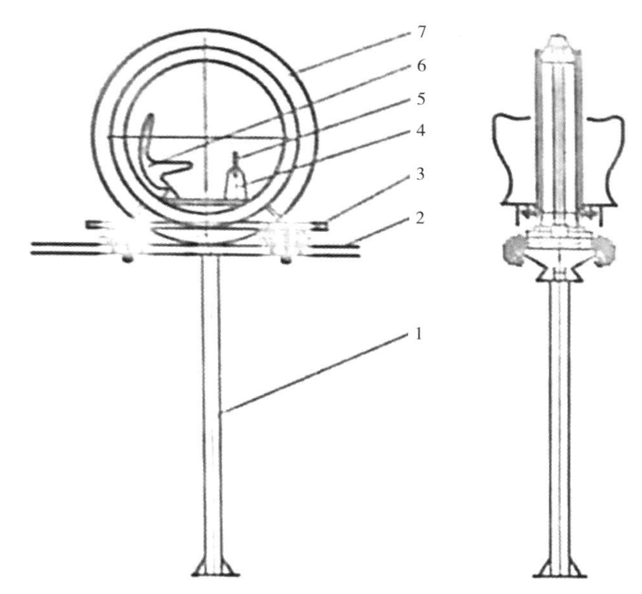

1. 立柱；2. 轨道；3. 行走轮；4. 传动机构；5. 脚踏；6. 座椅；7. 外圈

太空漫步的结构

人力运动是通过人对脚踏施力，脚踏带动链轮，链轮通过链条带动安装在中间传动轴端部的链轮，链轮带动安装在同一根轴上的齿轮转动，齿轮与安装在底盘中心轴端头的齿轮啮合，中心轴下端安装着链轮，链轮通过链条带动安装在车身底盘后端的链轮运动，这个链轮与安装在传动轴上的齿轮副连接，从而带动行走轮沿轨道向前运动。

太空漫步的运动

机械运动是电动机带动安装在输出轴上的链轮运动，链轮通过链条带动安装在传动轴上的链轮运动，链轮带动传动轴运动，传动轴带动行走轮运动。

旋转运动是动力通过转向盘传给与转向盘连接的倾斜的旋转轴，倾斜的旋转轴通过联轴器传给垂直的旋转轴，垂直的旋转轴的下端安装有小齿轮，小齿轮与大齿轮啮合，而大齿轮又通过传动轴与链轮连接，链轮通过链条与安装在车身底盘中间固定的链轮连接，从而使车身上半部绕底盘中心旋转。

太空漫步是由站台、控制柜、轨道、车辆4大部分组成。站台是乘客上下车、操作台防护、车辆存放及检修的场所；控制柜具有对所有车辆进行电气系统控制及保护的功能；轨道具有支承车辆、引导车辆前进方向、给车辆供电的功能；车辆具有承载乘客游乐的功能，车辆由人工动力系、机械动力系、回转运动系、支承轮、导向轮、防倾翻轮、行走轮、座椅、防撞缓冲装置和音响等组成。

人工动力系与传统的架空脚踏车一样，由脚踏和链轮链条组成。机械动力系由电动机和链轮链条组成。回转运动系由转向盘、连接轴、万向节、齿轮副和链轮链条组成。导向轮、防倾翻轮、行走轮构成一套轮组，导向轮、防倾翻轮、支承轮也构成一套轮组，两组结构相同，区别在于行走轮轮组是安装在动力输出轴上的。座椅由玻璃钢材料制成，配有玻璃钢顶、不锈钢压杠和安全带。防撞缓冲装置是有机械的和电气的两套装置。同时在座椅下面安装有小型音响，通过电脑板控制能播放悦耳的音乐。

安全装置有安全压杠、把手、防撞自控系统、安全带、车辆前后缓冲装置、安全栅栏等。

2. 爬山车

爬山车的运动原理是多辆车上都装有独立的驱动机构，减速电动机通过链条使外侧后轮转动。车辆行进时，车上前桥的驱动销轴带动隐藏在路轨下面的导向同步器一起行驶。轨道弯曲时，导向同步器沿着轨道偏转，通过前桥的转向销轴，偏转角度传递到前桥转向器，使车轮自动转向，从而实现自动驾驶。车辆间通过拉杆连成一列车，与火车相似，车与车之间保持相同的间距。爬山车主要由爬山车车体、路轨、顶棚、电气控制系统等组成。

爬山车

爬山车车体由车厢前、后桥，大、小链轮等部分组成。车厢由机架、玻璃钢壳等组件组成；前桥有驱动和转向两个销轴，与隐藏在路轨下面的导向同步器两轴套分别相配；后桥通过减速电动机带动大、小链轮使外侧后轮转动。

爬山车车体

路轨由钢管、角钢、扁钢等制作而成，轨道走向设置采用比较紧凑的方式，从地面盘旋而上再盘旋而下，尽量利用场地的面积和空间。

顶棚由星架、垂直支承、棚架柱、玻璃钢装饰板等组成。

电气控制系统是由电气控制柜（含隔离变压器、检测）、小车电气保护、灯饰等组成，其作用是将AC380V变为DC48V电压输送到路轨上，检测小车运行圈数，并控制操作时间、灯饰等。

安全装置有把手、安全带、车辆间两道保险钢丝绳、安全环链、安全栅栏等。

7.2.4 陀螺类

陀螺类的运动特点为座舱绕可变倾角的轴做回转运动，主轴大都安装在可升降的大臂上。主要有旋转飞椅、极速风车、双人飞天、道通水母、迪斯科转盘等。

1. 旋转飞椅

旋转飞椅是用挠性件把座椅吊挂在转伞架上，通过传动机构旋转转伞架，在旋转的同时，液压升降装置使转伞架上座椅整体作上升和下降以及变换倾角运动，来回升降，游客犹如坐降落伞般在天空飞翔飘荡，惊心动魄；加上吸引游客的飞行外观造型和音响，是一项较刺激、适合青少年游乐的项目。

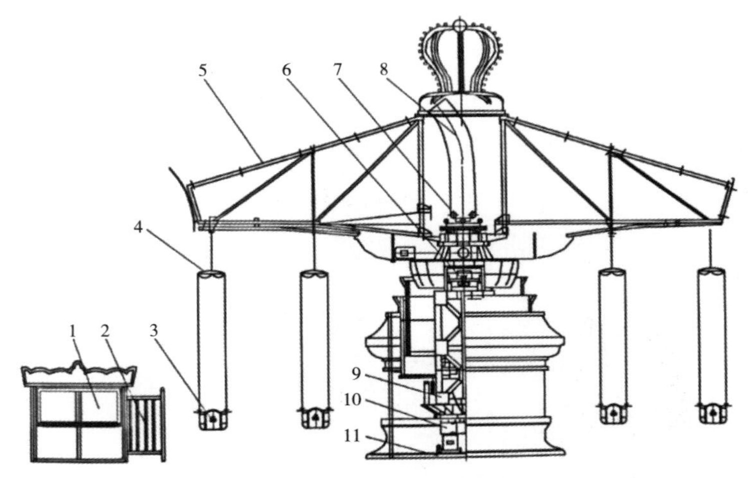

1. 操作控制室；2. 安全栅栏；3. 座椅；4. 吊挂组件；5. 转伞架；
6. 液压升降装置；7. 导向滑行架；8. 导向弯轨；9. 机架；
10. 传动机构（电动机、减速机、齿轮副、回转支承等）；11. 底座

旋转飞椅的结构

旋转飞椅的运行是通过传动机和支撑机架带动转伞架旋转，在转伞架上采用挠性连接方式吊挂座椅，在支撑机架上的液压升降装置作用下，转伞架的滑行架沿导向弯轨运动，使座椅在升降过程中作倾斜的旋转运动。

传动方式：电动机→减速机→回转支承→液压升降装置→沿导向弯轨运动→转伞架吊挂座椅旋转且升降运动。旋转飞椅主要参数见下表。

旋转飞椅主要参数

圆周速度	10.4r/min	运行高度	7.5m
旋转直径	10m	承载人数	48人
旋转角度	15°		

2. 极速风车

极速风车的运动原理为：立柱等整体由液压缸缓慢升起，到一定角度后，大臂做旋转运动，而座舱臂一方面绕自转中心做旋转运动，同时又在重力的作用下做无规则的自由翻滚运动。极速风车主要由机座、立柱、大臂（含承重臂、旋转座、平衡臂）、6臂自转筒、连接筒、座舱臂、站台、液压系统、气动系统和电气控制系统等组成，其结构为：立柱下端与机座由销轴铰接，上端通过回转支承与旋转座连接，机座用预埋螺栓固定在设备基础上；液压缸下端用销轴与机座铰接，上端与立柱用销轴铰接；承重臂的一端与6臂自转筒之间通过内齿式回转支承连接，承重臂的另一端与旋转座连接，旋转座的另一端与平衡臂连接；6臂自转筒经连接筒通过回转支承与6条座舱臂连接，每条座舱臂上有5张座椅组成座舱；每2条座舱臂有一套由气动控制的防上下乘客时座椅摆动的装置。

极速风车

站台用钢构件或混凝土制成，站台与水平面有一定的倾斜度，站台四周设有安全栅栏，站台一侧设有操作室。

液压系统由液压站、升降液压缸和液压马达等部件组成。

气动系统由空压机、气动旋转头、气控阀、锁紧气缸、升降气缸等部件组成，控制座椅压杠的升降与锁紧。

电气控制系统由供配电系统、PLC控制系统和直流调速系统组成。

极速风车的安全装置主要有立柱的限位装置、大臂的定位装置、液压系统的油温报警和超压保护装置、防液压缸快速下降装置、座舱的安全压杠和安全带、座椅压杠锁紧装置、压杠锁紧系统的连锁控制系统、发电机等。

3. 双人飞天

双人飞天的运动原理为：设备起动后液压泵向液压马达和液压缸供油，液压马达带动小齿轮运动，小齿轮与大齿轮啮合，带动整个转盘转动，在转盘转动的同时，液压缸顶升，使大臂前端抬起，整个转盘倾斜运转。

双人飞天

双人飞天主要由站台、转盘、升降装置、液压传动装置和控制系统等组成。站台一般是砖混结构，是一个圆环形平台，起上下吊椅的作用。转盘的主体是由圆管焊接或用螺栓连接成的桁架结构。转盘中心是一个圆形盘，四周是钢结构的辐条，辐条的根部通过螺栓与转盘中心圆盘的上下连接，辐条的另一端用螺栓连接圆管，而圆管中间吊挂吊椅。升降装置由大臂和液压缸组成：大臂的后端通过销轴铰接固定在地面支座上，前端焊接有一个圆柱形（或方形）支座，支座与转盘又通过回转支承连接在一起；液压缸下端固定在地面上，另一端通过销轴与大臂后端铰接。液压传动装置是由液压马达和齿轮副构成，液压马达与小齿轮连接。小齿轮与大齿轮的控制系统是通过控制液压泵站的电磁阀使设备完成旋转和升降的动作。双人飞天的安全装置有安全带、安全挡杆、限位装置、座椅吊挂二次保险钢丝绳、锁紧装置。

7.2.5 飞行塔类

飞行塔类的运动特点为悬挂式吊舱且边升降边回转，吊舱用挠性件吊挂。飞行塔类主要有太空梭、跳伞塔、摇头飞椅、观览塔、青蛙跳等。如跳伞塔是乘客座舱（伞体吊篮）沿竖直方向做上下往复运动的设备，跳伞塔主要由支承结构、玻璃钢伞体吊篮、传动部件、制动系统和电气控制系统等组成。

1. 太空梭

太空梭是一种以跳跃为主题的现代高科技游乐设备，座舱采用压缩空气为动力，沿着竖直的立柱轨道高速弹射上升，随即像自由落体跌落下降，时而作连贯的跳跃上升、下降运动，使乘客在超重和失重的过程中体验到惊险与刺激。该设备外观造型优美独特，色彩艳丽，矗立空中，占地面积小，采用全气压驱动，是一种挑战人体极限、年轻人十分喜爱、比较刺激的游乐项目。

太空梭

太空梭的主要结构由以下图示部分组成，乘客乘坐并压好安全压杆后，由气动系统将经干燥后的空气压缩和释放，通过往复式气缸进行往复运动，带动钢丝绳上的滑行架座舱沿立柱轨道作上升、下降跳跃运动，采用计算机计算控制并设定程序，利用滑轮组大行程获得所需速度；而气缸的往复运动，则是计算机对气动系统及电器控制系统设定程序的执行结果，完成发射、跌落、抖动，缓慢安全下降直到站台。

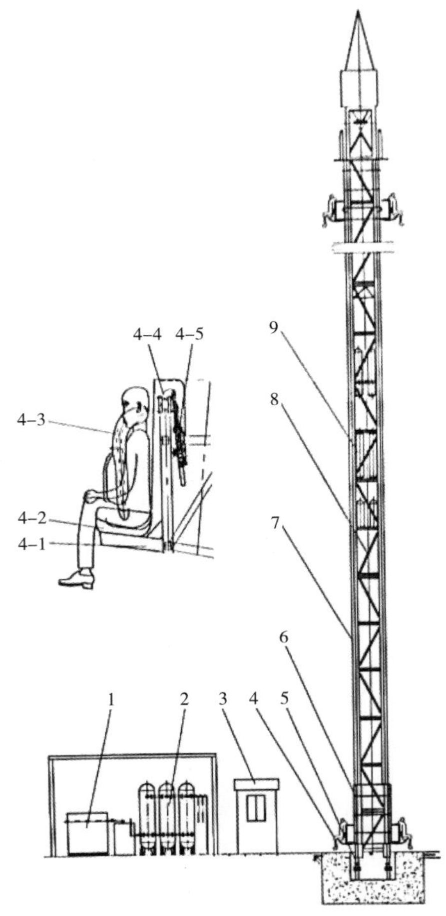

1. 空压机、干燥机房；2. 储气罐；3. 电气控制操作室；
4. 座舱：4–1 座椅支架，4–2 座舱，4–3 安全压杆，4–4 锁紧检测装置，4–5 压杆锁紧装置；
5. 底座；6. 滑行架；7. 立架；8. 气动部件：气缸、钢绦绳、滑轮组；9. 气罐

太空梭的结构

2. 跳伞塔

跳伞塔的支承结构由底座、中间立塔等组成。底座和立塔是这套设备的基础部件，用以保证相关部件的相对位置，支持全部设备的安全运转。底座是用H形钢制成的焊接与螺栓连接的复合结构，以满足运输条件以及便利安装的要求。中间立塔的内部安装有工作平台及楼梯，工作人员由地面经梯子可达平台，可进行传动部件及电路部件的检查及维护工作。

（1）玻璃钢伞体吊篮

伞体吊篮不设座椅，乘客站立式。吊篮可乘坐2个大人和1个小孩。为了乘

客的安全，跳伞的中间骨架设有防护栏杆，伞门装有手拉式和脚踏式两重锁，确保乘客的安全，脚踏式锁只有在伞体外的管理人员才能控制。伞体可拆成伞罩、中间骨架及吊篮等三部分，便于运输和堆放。整个伞体吊篮造型优雅华丽、赏心悦目。

（2）传动部件

座舱的运动是由曳引电动机带动动滑轮通过钢丝绳及定滑轮使乘客座舱沿竖直方向做上下往复运动。曳引电动机质量上乘可靠、起动平稳、停车舒缓，令乘客乘坐舒适。

（3）制动系统

座舱的制动由变频器的电气制动系统及曳引电动机抱闸制动共同配合完成，制动平稳可靠。

（4）电气控制系统

1）电气控制系统主要包括30个接近开关，6个限位开关预防故障冲顶，3台操作人员控制台（OC1–3），1个配电柜（MCC）。系统保护装置齐全，操作方便快捷，可充分保证设备运行的安全、可靠和稳定，使游戏的安全性得到最大限度的提高。

2）系统经可编程序控制器（PLC）控制各变频器。各座舱曳引电动机分别由6个变频器单独驱动，在运行模式下，座舱的升降运动由控制系统自动控制；座舱的上升（下降）速度分两级，在低（高）处为快速上升（下降），当升（降）至离塔顶（地面）约3m时，则变为低速上升（下降）；升降曳引电动机带有可靠的电磁制动装置，控制电路也设有预防故障冲顶保护，使设备运行安全可靠。

7.2.6 转马类

转马类的运动特点为座舱安装在回转盘或支承臂上，绕垂直轴或倾斜轴回转，或绕垂直轴转动的同时有小幅摆动。主要有转马、双层转马、转转杯等。

1. 转马

转马若从传动结构来分，可分为上传动和下传动形式。

转马

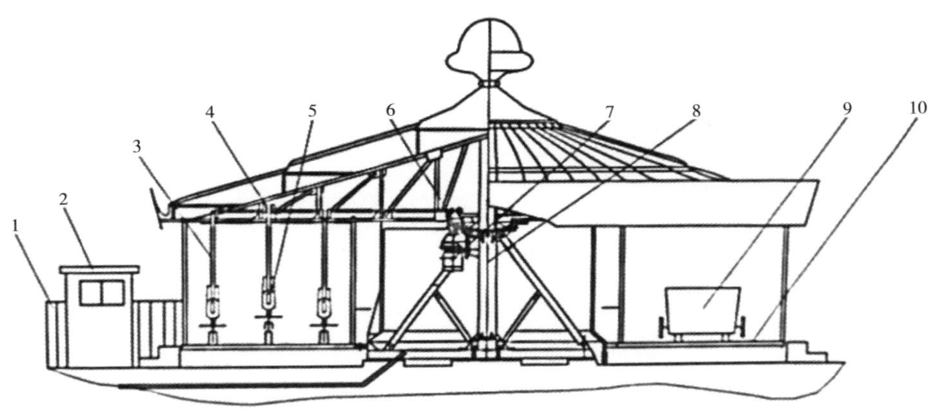

1. 安全栅栏；2. 操作控制室；3. 吊杆；4. 曲轴；5. 乘骑；6. 圆锥齿轮副、圆柱齿轮副；
7. 传动机构（电动机、液力偶合器、减速机、回转支承）；8. 中心轴；9. 马车；10. 转盘

转马的结构

上传动工作原理：起动后由电动机带动减速器的输入轴，减速器的输出轴则通过联轴器带动小齿轮转动，小齿轮通过啮合驱动安装在主轴上的大齿轮（或回转支承齿圈）运动，使主轴通过桁架内外两侧的支柱带动整个转盘旋转。桁架旋转时安装在主轴顶部的大锥齿轮一起旋转，安装在桁架上的曲轴内侧端的小锥齿轮通过与大锥齿轮啮合，带动曲柄轴旋转，曲柄轴旋转时带动拉杆上下运动。因为拉杆下面固定着木马，所以木马就做上下运动；与此同时，木马下端的拉杆还通过套筒固定在转盘上，故木马又随同转盘一起做旋转运

动。因此木马的旋转运动和上下运动合成在一起就形成了木马跳跃式的运动形态。

下传动工作原理：转盘底部电动机通过带轮带动小齿轮，小齿轮通过啮合驱动安装在主轴上的大齿轮带动转盘转动，转盘下面安装着曲轴，曲轴的端头安装着轮胎，顶杆安装在曲轴上，顶杆上安装着木马，转盘旋转带动轮胎转动，轮胎转动带动曲轴转动，曲轴转动带动顶杆上下运动，顶杆带动木马上下运动。转马主要由支柱、转盘、顶棚、木马、驱动机构、传动机构、操作控制台等组成。其安全装置主要有安全带、扶手等。

2. 转转杯

转转杯的工作原理：电动机带动小齿轮旋转，小齿轮与大齿轮啮合带动大齿轮旋转，大齿轮通过回转支承与大转盘固定在一起，大转盘跟随大齿轮旋转而转动。小转盘的旋转工作原理与大转盘类似，另外小转盘的回转支承及减速电动机固定在大转盘的钢结构上，在实现自身旋转的同时随大转盘一起旋转。

转转杯

转转杯一般由底部支承座、大转盘和支承架、小转盘和支承架、转杯、旋转动力系统和控制操作室组成。底部支承座是由槽钢和铁板焊接而成的“十”字结构，相互间用高强度螺栓连接。转盘和支承架由钢架结构组成，上面铺一层合金花纹板，大转盘中心位置通过大转盘回转支承与底部支承座连接在一起。小转盘和旋转支座由钢架结构组成，通过回转支承固定在大转盘的钢结构上，以实现小转盘自转的同时随大转盘一起转动，运转时可自由旋转，也可由乘客手动转动手轮使旋转支座固定在小转盘的钢结构上，旋转动力系统有：大转盘的旋转系统和小转盘的旋转系统。大转盘的旋转系统是由减速电动机连接小齿轮和与之相啮合的回转支承的大齿轮组成。站台一般由角铁和花纹板制成，有2个阶区分进出口，在站台一端安装有操作室，操作室里安装操作系统。

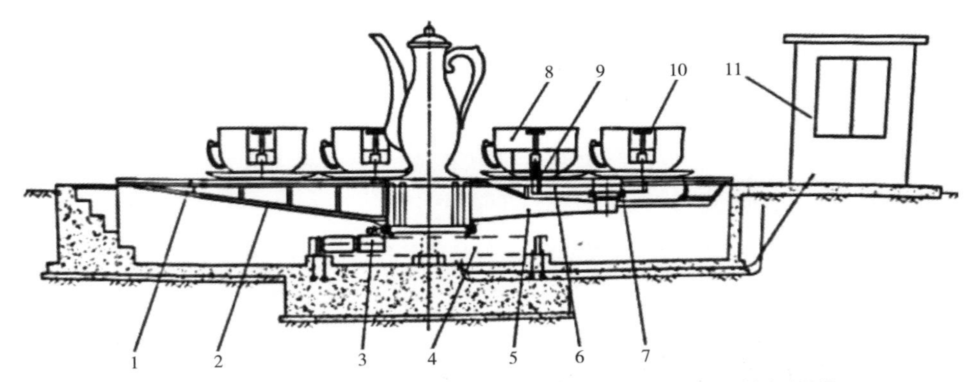

1. 大转盘；2. 大转盘支承架；3. 大转盘回转支承及减速电机；4. 底座；5. 小转盘支承梁；6. 小转盘；7. 小转盘回转支承及减速电机；8. 转杯；9. 旋转支座；10. 手轮；11. 控制操作室

转转杯的结构

7.2.7 自控飞机类

自控飞机类的运动特点为：乘人部分绕中心轴转动并做升降运动，乘人部分大都安装回转臂上。主要有自控飞机、弹跳机、小蜜蜂等。

1. 自控飞机

自控飞机的工作原理：电动机带动小齿轮旋转，小齿轮带动中心回转支承旋转，安装在回转支承上的上框架随之旋转，摇摆臂及气缸构成的运动机构随着上框架一起旋转，而安装在摇摆臂末端的座舱的上升运动由气动系统提供的压力气体顶升，其下降靠自身重力，每个座舱内的上升及下降按钮可以控制每个摇摆臂下的顶升气缸气路系统，乘客可以通过按压上升及下降按钮实现形似飞机的座舱做出升降动作，故名自控飞机。

自控飞机

自控飞机一般由底部组件、回转支承、驱动系统、气缸及摇摆臂、座舱、控制系统、气动系统、站台等组成。

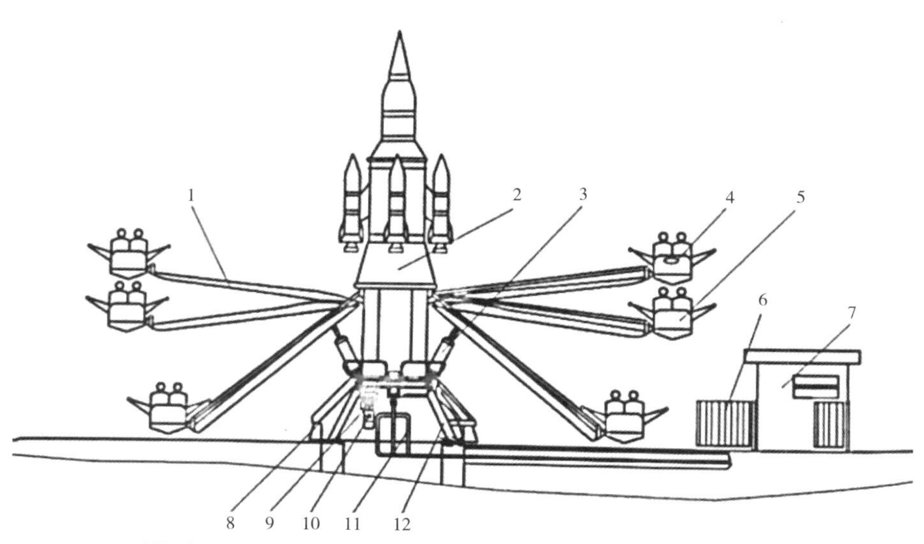

1. 摇摆臂；2. 外壳；3. 支撑气缸；4. 操控按钮；5. 座舱；6. 安全栅栏；7. 控制室；
8. 回转支承；9. 减速机；10. 电动机；11. 气动系统；12. 机座

自控飞机的结构

2. 弹跳机

弹跳机游乐设施由下图所示的部分组成。

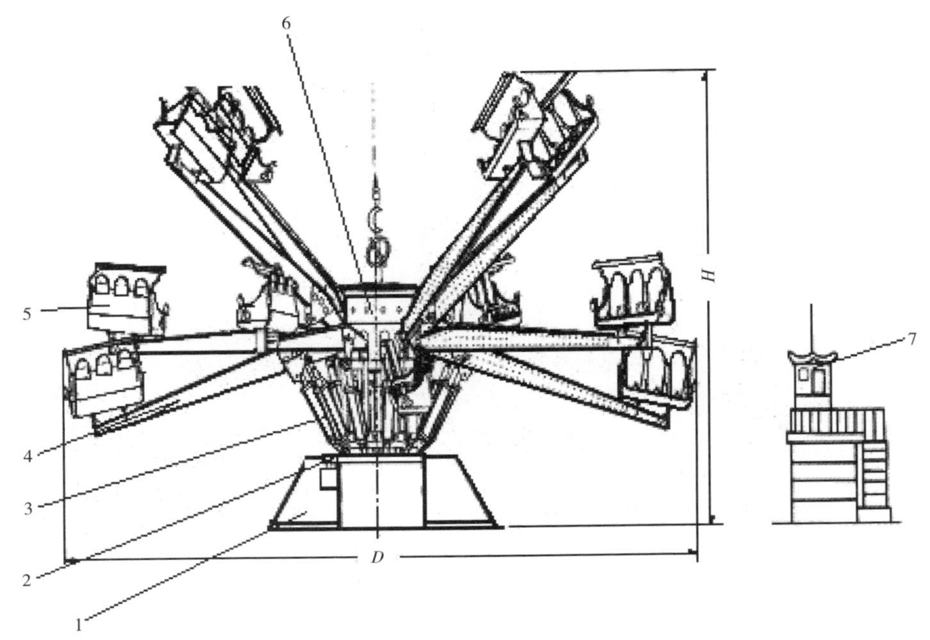

1. 底座；2. 旋转传动装置；3. 升降气缸；4. 回转臂；5. 座舱；
6. 外壳（通常为玻璃钢制造）；7. 操作室及电气系统

弹跳机的结构

弹跳机的运动形式：座舱通过升降气缸推动回转臂上升或下降，同时在旋转传动装置的驱动下，几个连在一起的回转臂一同回转。使座舱在回转的同时，升降气缸可使回转臂上升或下降。回转一般都是机械传动（个别也有液压传动），而座舱的升降几乎都是气压传动。

弹跳机必须具备的安全装置：座舱中设安全带、安全把手、安全压杠、升降限位装置、座舱牵引杆的保险装置、防升降气缸快速下降的保险装置、气压系统过压保护装置、停电或故障状态疏导乘客措施。

7.2.8 赛车类

赛车类的运动特点为沿地面指定线路运行。赛车的运动形式为车体承载乘客，由乘客沿着赛道自己操作驾驶。

赛车

赛车的安全装置一般有安全带、道路两侧的防撞缓冲拦挡物、驱动和传动部分及车轮的防护装置、车体四周的防撞缓冲装置、线路的安全警示标牌等。

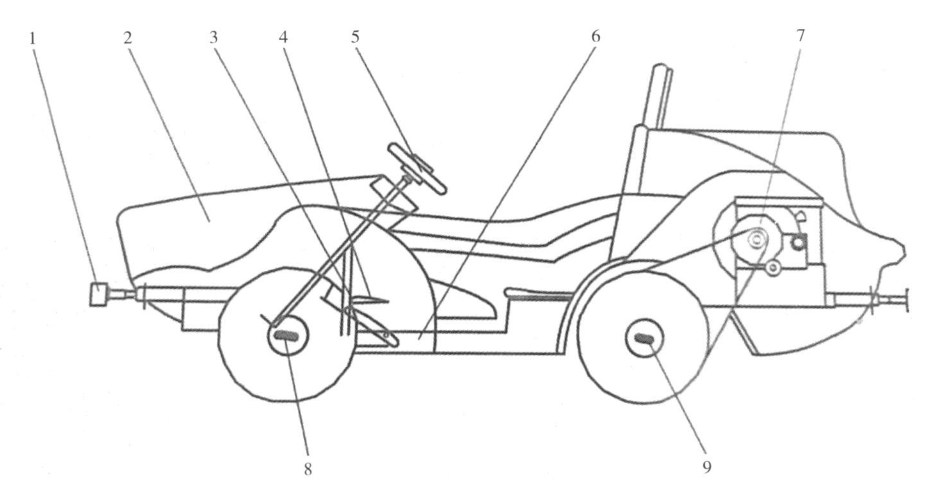

1. 防撞缓冲装置；2. 车壳；3. 加油踏板；4. 刹车踏板；5. 方向盘；6. 车架；
7.传动机构（发动机、减速箱、链轮、链条等）；8.前跑轮；9. 后跑轮

赛车的结构

7.2.9 小火车类

小火车类的运动特点为沿地面轨道运行。主要有小火车、恐龙危机、秦陵历险、野外探险等。

小火车

恐龙危机

秦陵历险

野外探险

小火车的运动形式为传动装置在驱动装置的驱动下，带动车辆行走轮转动，从而驱动列车前行，小火车速度一般小于10km/h。

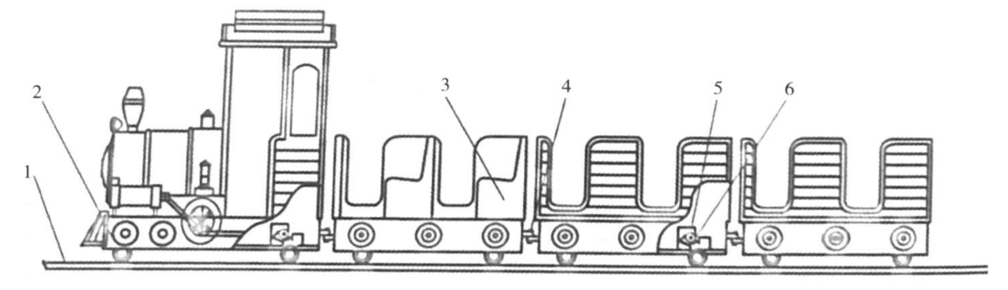

1. 路轨；2. 车轮；3. 车厢；4. 车厢连接器；
5. 传动装置（电动机、减速机、链轮、链条）；6. 导电装置

小火车的结构

小火车安全装置主要有乘人部分的进出口栏杆、安全把手、安全带、制动装置等。

7.2.10 碰碰车类

碰碰车类的运动特点为：用电力驱动，乘客自已操作，在固定的场地内进行运动。

碰碰车

碰碰车按驱动形式分，可以分为：有天网碰碰车、无天网碰碰车，蓄电池碰碰车三种。

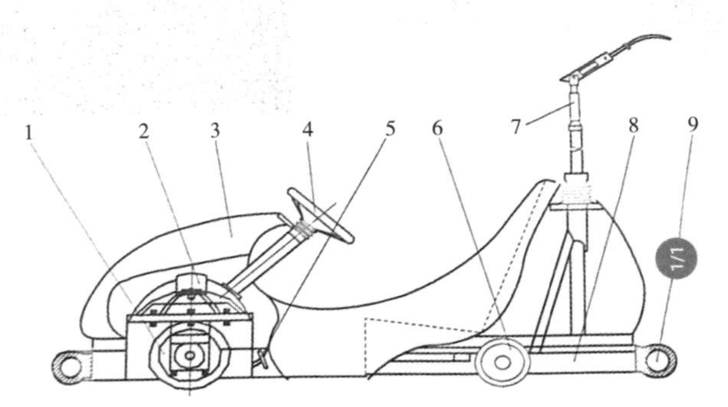

1. 电机；2. 转向机构；3. 车体；4. 方向盘；5. 脚踏开关；
6. 车轮；7. 导电装置；8. 车架；9. 缓冲轮胎

有天网碰碰车

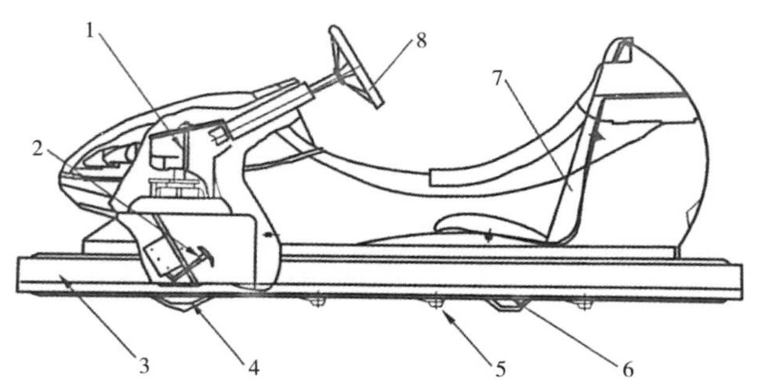

1. 转向机构；2. 脚踏开关；3. 缓冲轮胎；4. 电机；
5. 导电装置；6. 车轮；7. 座椅；8. 方向盘车架

无天网碰碰车

碰碰车的运动形式为开车和停车都由乘客自已控制，车体从地板或大网取电后，通过传动装置乘客将脚开关踏下，操作转向盘控制车辆在固定的场地内行驶。碰碰车安全装置主要有安全带、短路保护装置把手、车体缓冲轮胎等。

7.2.11 滑道类

滑道类的运动特点为：提升到一定高度后，滑道车沿着半圆形的滑道自由滑行，游乐者可以利用滑道车上的制动装置控制滑行的速度，主要有管轨式滑道、槽式滑道。

管轨式滑道

槽式滑道

7.2.12 水上游乐设施

水上游乐设施的运动特点为：借助水域、水流或其他载体，在特定水域运行或滑行，为达到娱乐目的而建造的游乐设施。主要有水滑梯系列、峡谷漂流系列、碰碰船系列，如水滑梯、峡谷漂流和碰碰船。

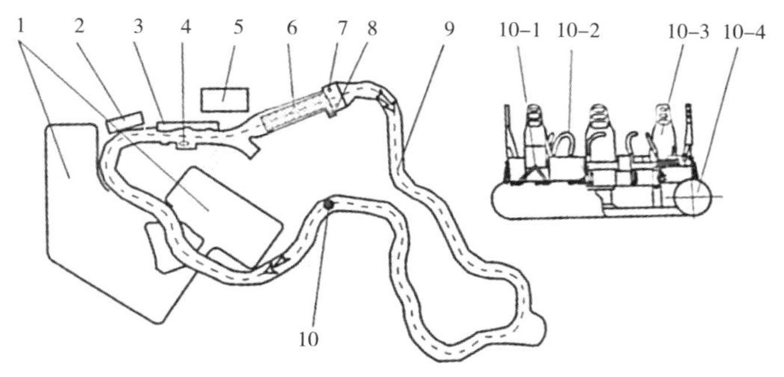

1. 储水池；2. 维修平台；3. 上下游客站台；4. 制动机构；5. 操作控制室；
6. 提升皮带；7. 水泵；8. 传动系统（电动机、减速机、滚筒等）；9. 水道；
10. 橡皮筏：10–1 拉琴，10–2 扶手，10–3 座椅，10–4 充气胎

峡谷漂流的结构

峡谷漂流的运动形式为：启动水泵向特定的专用水道提供大流量水源，由于水道的落差，游客乘坐橡皮筏通过提升系统进人汹涌澎湃的水流，经过急弯险滩和变化莫测的河道漂流，惊险而刺激，犹如在大自然原野的河道中激流探险，是一项青少年十分喜爱的游乐项目。峡谷漂流是由水道、供水系统、提升机构、橡皮筏、制动机构组成，橡皮筏通过提升皮带进入水道高位，水泵推动大流量的流水驱动橡皮筏在设定的水道中漂流，载人的橡皮筏沿水道通过急弯激流段漂流回到站台，制动机构固定橡皮筏方便上下游客。传动方式：电动机→减速机→滚筒→提升皮带把橡皮筏运进水道；制动机构→气缸→阻船器固定橡皮筏。

水上游乐设施的使用场合：除游船类外，水上游乐设施一般使用于水上乐园，而水上乐园里的水上游乐设施主要以水滑梯为主，常见的水上游乐设施有高速滑梯、彩虹滑梯（竞赛滑梯）、螺旋滑梯（敞开式或封闭式）、儿童滑梯、造浪池以及与滑梯相配套的游乐池。近年来，部分新建的主题水上公园还引进了国外惊险高空高速水滑梯，如龙卷风暴、魔力碗、水上过山车等。

乘客乘坐滑梯时一般需要先经楼梯到达十几米高的出发平台，然后借助滑梯内水流的作用力和乘客自身的重力滑行。部分滑梯还需使用橡皮筏才能滑行，并且对下滑乘客的姿势有要求，因此乘客应遵从操作人员的讲解，并在下滑过程中保持正确的滑行姿势。

水滑梯系统由支承结构（支承立柱、支臂）、出发平台、玻璃钢构件、供水系统、落水池（截留区）、运载工具等组成。水滑梯系统自上而下分为：起始端—滑行区—结束端—截留区—溅落区。起始端：乘客进入滑梯的区域；滑行区：乘客沿特定的滑梯表面滑行的区域；结束端：滑梯末端供乘客准备停止滑行部分；截留区：滑梯末端供乘客停止部分；溅落区：供乘客从滑梯末端滑出落入缓冲、停止滑行的专用水域。

7.2.13 无动力设施

无动力设施主要有蹦极系列、滑索系列、空中飞人系列、系留式观光气球。

蹦极运动发展到现在，已有多种形式，大致可分为三种：

桥梁蹦极：在桥梁上伸出一个跳台，或在悬崖绝壁上伸出一个跳台；

塔式蹦极：主要是在广场上建造一个斜塔，然后在塔上伸出一个跳台；

火箭蹦极：顾名思义，将人像火箭一样向上弹起，然后在空中上下弹跃。

1. 小蹦极系列

小型蹦极：乘客或乘客乘坐物依靠弹性绳或其他弹性件的伸缩，从地面向空中弹跳，产生上下翻滚运动的游乐设施。塔架高度小于10m。

小型蹦极游乐设施由以下部分组成：支架、卷扬机、弹性绳、弹跳垫、电气控制系统。

小型蹦极

小型蹦极的运动形式：乘客用捆绑带绑在腰上站立于弹跳垫上，操作者启动卷扬机使牵引钢丝绳收缩，乘客依靠弹性绳或其他弹性件的伸缩从地面向空中弹跳，产生上下翻滚运动。

小型蹦极必须具备的安全装置：可靠的捆绑装置、卷扬机的电气限位开关、弹跳垫、停电或故障状态疏导乘客措施。

小蹦极跳床的结构比较简单，配件多是进口弹力绳、蹦极专业网布、加厚安全带和加粗安全绳。

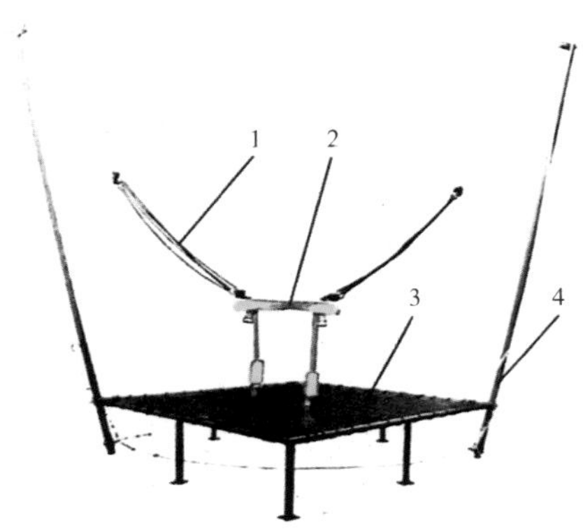

1. 弹力绳；2. 安全带；3. 跳床；4. 支撑立柱

小蹦极跳床的结构

2. 滑索系列

滑索：乘客借助滑轮等工具，依靠重力或其他牵引力沿钢丝绳线路下滑的游乐设施。

滑索游乐设施由下图所示的部分组成：

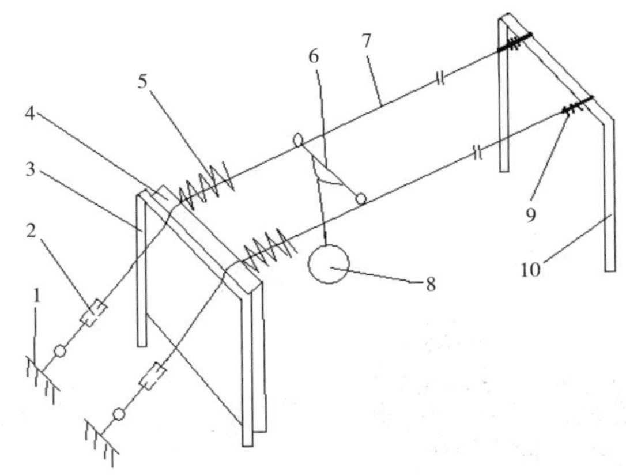

1. 地锚螺栓；2. 调节器；3. 下站台门形架；4. 防护垫；5. 缓冲弹簧；6. 滑行小车；7. 钢丝绳；8. 吊挂带；9. 钢丝绳端部固定绳夹；10. 上站台门形架

滑索的结构

滑索按结构形式可分为：直滑式滑索[乘客用捆绑带绑在腰上或乘坐在坐带（坐袋）上借助滑行小车依靠重力从钢丝绳上站滑向下站的游乐设施。滑索侧边一般都配备了电动回收装置，利用回收钢丝绳运送下站的空吊具（滑行小车）至上站]、循环式滑索[乘客用捆绑带绑在腰上或乘坐在坐带（坐袋）上借助滑行小车依靠重力从钢丝绳上站向下站滑行的同时，下站的空吊具（滑行小车）沿另一道钢丝绳向上站移动的游乐设施]两种。

滑索

滑索

滑索

滑索的运动形式：滑索长度一般都在150m以上，上、下站台的高差一般为20～70m（根据滑索长度设计）。在滑索上安装滑行小车，乘客用吊挂带捆绑好后，由上站台沿钢丝绳迅速滑向下站台，最大时速可达30km/h以上。在下站台上设计有制动和缓冲装置，以减少乘客到达终点时的冲击力。单向滑行滑索一般都设计有回收装置，将下站台的滑车由回收装置运回到上站台。滑索上的调整扣用来调整滑索的松紧程度，以达到最好的滑行效果。

滑索必须具备的安全装置：滑车吊挂点的保险措施、乘人进下站台前的制动和缓冲装置、防护垫[防护垫一般用软性泡沫塑料填充，其厚度要求不少于400mm，面积不小于1.5m（高）×1.5m（宽）。防护垫的悬挂应可靠，其形式应能充分发挥其缓冲作用]、下站台救援小车、上站台服务人员防坠落的安全保护措施。

7.3 大型游乐设施安全保护装置

游乐设施的种类繁多，有关游乐设施的安全使用问题也日益被公众所关注，为确保游乐设施的正常运行，保障乘客的生命安全，游乐设施在设计、制造过程中，必须符合国家相关法规及标准的要求，根据游乐设施不同的性能和结构特点，设置相应形式的安全保护装置。主要有安全带、安全把手、安全压杠、锁紧装置、止逆装置、制动装置、限位装置、超速保护装置、缓冲装置等。

7.3.1 安全带、安全把手、安全压杠

安全带和安全把手单独使用时主要用于运行比较平稳、惯性很小，或虽然有一定速度，但运行的方向变化不是很突然，没有必要把乘客完全约束在座椅上的游乐设施。而与安全压杠共同使用时一般安装在压杠护圈上或座位前，这同样是为了乘客平衡自己的身体，提供支承力。

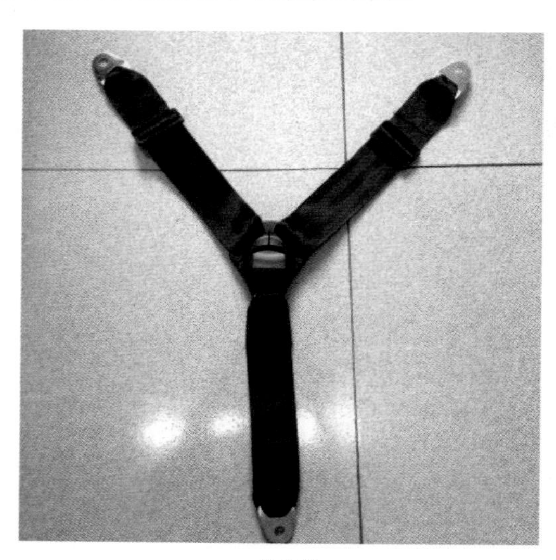

安全带

安全带主要由绳带、锁扣及长短调节器组成。绳带的宽度必须大于30mm，使其有足够的抗拉强度。锁扣的扣合应可靠，不能轻易滑脱；锁扣多采用插入式，即将绳带一端卡口插入绳带另一端有锁舌的插座中，锁舌在弹簧的作用下伸入卡口内，开锁时只需压下锁扣的按钮抽出卡口即可，因此锁扣材料最好为钢制。长短调节器则应有足够的摩擦力，防止安全带松散而未能有效系紧乘客。绳带式人体保护装置多用于赛车、碰碰车、自控飞机等距地面位置较低、不翻滚的游乐设施，或作为安全压杠的辅助保险装置。

安全带的系法主要有：一种是系在乘客的腰间；另一种则是斜系胸前，即一端在肩上，另一端在腰间，其他还有3点或4点式安全带。安全带的长短应可调，使之正好贴在乘客的身上，如果太长，乘客的身体仍可挣脱出安全带而被甩出。

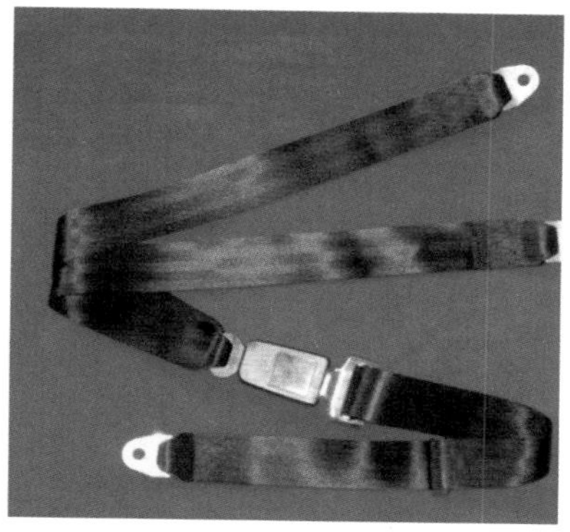

安全带的系法

游乐设施的座舱内或乘客座位上设置的安全把手， 有别于安全压杠和安全带，其不是被动强制性安全保护装置，而是主动性保护装置。对一般运动趋势有明显的预见性的游乐设施，安全把手可供乘客抓握用以在运动中稳定和平衡自己的身体，因此对乘客的乘坐安全来说也同样非常关键，而有落水危险的船只必须设置安全把手，严禁设置安全带，安全把手除了有足够的机械强度外，其自身与座椅、安全压杠连接的可靠性也很重要，另外其表面必须光滑平整，不对乘客的手掌造成伤害。

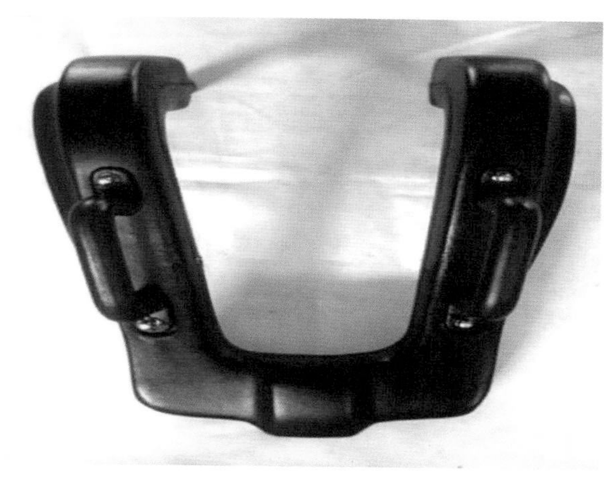

安全把手

对于运行时产生翻滚动作或冲击比较大的运动的大型游乐设施，为了防止乘客脱离乘坐物，应当设置相应形式的安全压杠。安全压杠种类繁多，不同厂家的结构形式各异，常见的有护胸压肩式、压腿式、护胸压背式。护胸压肩式安全压杠常用于座舱会发生翻滚、颠倒及人体上抛等类型的游乐设施，诸如过山车等。

护胸压肩式安全压杠

垂直发射或自由落体的跳楼机、乘客会倒悬的天旋地转等，其防护等级最高，此类大型游乐设施离地面较高，运动的惯量又较大，乘客在游玩该类游乐设施时有可能会脱离座位摔出座舱而受到意外伤害。为防止乘客脱离座位，就必须用护胸压肩式安全压杠强制乘客坐在座位上。当乘客身体欲往上抬离座位时，压杠的挡肩部分将挡住肩膀；若身体要往前去，则压杠的护胸部分又挡住胸口，这样就将乘客限制在座位和靠背的很小活动范围内，防止意外受伤。一般此类安全压杠都设有安全把手，护胸压肩式安全压杠一般由压紧构件（压杠臂）、执行构件、锁紧装置、保险装置几部分组成。

大型游乐设施越来越刺激，设备多自由度运转，为了防止压肩护胸式安全压杠在使用过程中失效，大部分大型游乐设施除设安全压杠外，还加设了辅助的独立安全保护装置，如辅助安全带等，有的压杠前端还加装了气动插销锁紧装置，有效地保证了锁紧装置失效后压杠可自行打开。

压腿式安全压杠主要用于不翻滚、不垂直上抛的小惯性运动的游乐设施，如自旋滑车、海盗船、美人鱼等设备。压杠在乘客的大腿根部，不让乘客站起来离开座位，以免乘客摔出座舱。在危险性较大的游乐设施里，压腿式安全压杠一般和护胸压肩式安全压杠组合使用，有效地把乘客束缚在座椅范围内。

护胸压背式安全压杠主要用于运行速度大、瞬间加速度大且乘客无法用以上两种安全压杠束缚在一定乘坐空间内的游乐设施，如摩托过山车，而乘客若不使用此类安全压杠会造成意外伤害。

护胸压肩式安全压杠

7.3.2 锁紧装置

锁紧装置是保障人体安全束缚装置（安全压杠，安全带）正常工作的重要组件，设备运行过程中，锁紧装置必须有效锁紧人体安全束缚装置，确保乘客可靠束缚在座位上。锁紧装置不允许在设备运行过程中被人为打开。游乐设施中锁紧装置有很多种，最常见的有：棘轮棘爪型、液压锁紧型（缸筒类锁具）、齿条锁紧型、定位销杆类锁紧装置、舱门类锁紧装置等。

棘轮棘爪型锁紧装置由棘轮和棘爪构成，锁紧时由弹簧推动爪压在棘轮之上卡住棘轮，使之只能向一个方向转动；打开时由凸轮推动棘爪离开棘轮，其原理为：当操作人员将安全压杠往乘客身体方向按压时，棘轮转动，棘爪或者卡销卡入棘轮的底部，由于棘轮和棘爪有止逆作用，此时压杠不能往回转，也就是说压杠能挡住乘客的身体，不让乘客脱离座位。棘爪或卡销弹簧保证棘爪始终与棘轮接触，卡到棘轮后不松开。如果棘轮有很多个齿，则压杠可以继续往下压，直到爪卡到下一个棘轮位置。

棘轮棘爪型锁紧装置

液压锁紧型（缸筒类锁具）锁紧装置的安全压杠由液压缸进行锁紧，锁紧时由换向阀和单向阀控制油路，使液压油只向一个方向流动，由此控制压杠只能压紧；打开时，液压缸两侧油路连通，这样液压缸杆可向两个方向运动，安全压杆则可以开启。

齿条锁紧型锁紧装置主要由齿条、棘爪、执行元件（如气缸）和其他辅件组成。

7.3.3 止逆装置

滑行车类游乐设施（如激流勇进、疯狂老鼠、自旋滑车）在提升段是沿着斜坡被牵引的，一旦出现牵引链条断裂、牵引钩脱落、意外断电等故障时，为保证滑行车辆不能下滑，均应设置防止乘客装置逆行的安全装置（止逆装置），同时该止逆装置的逆行距离设计应使冲击负荷最小，在最大冲击负荷时，应能使乘客装置止逆可靠。止逆装置一般分别在车辆底部和轨道提升段安装，有止逆钩和止逆挡块等。

止逆装置的原理为当滑行车沿斜坡向上牵引时，挡块绕链点顺时针转动不妨碍上升。当牵引链条断开时，车体由于自重而下滑，促使挡块逆时针旋转。由于齿条将挡块卡住，不能旋转，故车也不能下滑。

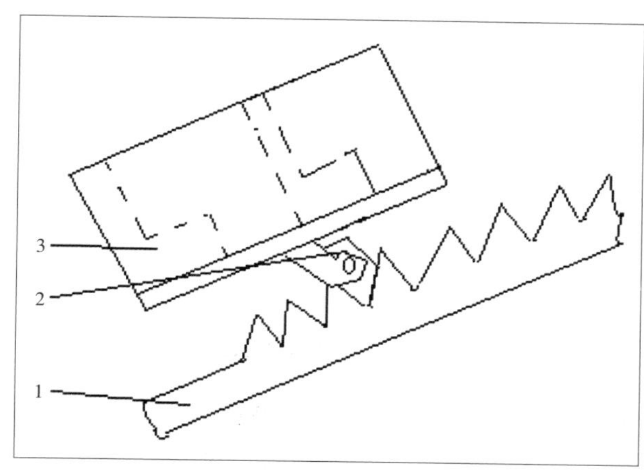

1. 齿条； 2. 止逆行挡块； 3. 车厢

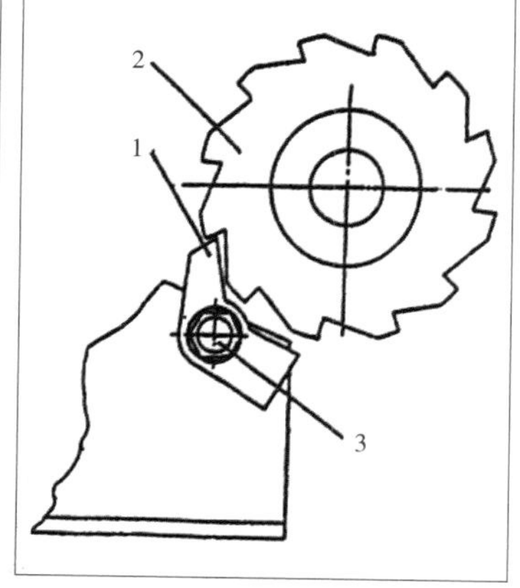

1. 棘爪； 2. 棘轮； 3. 棘爪轴

止逆装置

7.3.4 制动装置

为了使大型游乐设施安全地停止或者减速，大部分运行速度较快的设备都采用了制动系统，游乐设施的制动包括对电动机的制动和对车辆的制动：

（1）对电动机的制动有机械制动和电气制动（能耗制动和反接制动）两种方式。

（2）对车辆的制动有机械制动方式。机械制动装置是接触式的，其主要由制动架、摩擦元件和松闸器三部分组成。其工作原理主要是利用摩擦副中产生的摩擦力矩来实现制动，或者是利用制动力与重力的平衡，使机器运转速度保持恒定。

制动装置分类如下：

（1）按功能分为停止式和缓冲式：①停止式，起停止和支持运动物体的作用；②缓冲式（调速），起调节运动物体的运动速度的作用。

（2）按工作状态分为常闭式（外力打开）、常开式（外力闭合），游乐设施机械制动装置需采用常闭式。

（3）按结构特征分为块式（板式）、盘式及带式：①块式（板式），其结构简单，工作可靠，如短行程、长行程、液压块式制动器；②盘式，沿制动盘方向施力，制动轴不受弯矩，径向尺寸小，制动稳定，它又分为点盘式、全盘式及锥盘式。

7.3.5 限位装置

游乐设施中绕固定轴支点转动的升降臂，或绕固定轴摆动的构件，都应有极限位置限制装置。限位装置必须灵敏可靠。在液压缸或气缸行程的终点，应设置限位装置。

限位装置可以分为接触式和非接触式。

限位装置

接触式限位开关在常用的低压电器中称为行程开关，一般有直动式、滚轮式、微动式等。

接触式限位开关是实现行程控制的小电流（5A以下）主令电器，其作用与普通的控制按钮相同，只是其触头的动作不是靠手按动，而是利用机械运动部件的碰撞使触头动作，即将机械信号转换成电信号，通过控制其他电器来控制运动部件的行程大小、运动方向或进行限位保护。在大型游乐设施中接触式限位开关主要是对某些运动、提升的部件在某一位置起到限制的作用，如采用液压（气）缸升降的大臂，一般都要求设置限位装置，一方面定位准确，另一方面防止运动过位，如保护液压（气）缸冲底，或者提升冲顶。

非接触式限位开关在常用低压电器中称为接近开关，当某一物体接近它的工作面到一定的区域范围内时，不论检测体是运动的还是静止的，接近开关都会自动地发出物体接近而“动作”的信号，而不像机械式行程开关那样需施加机械力，因此，接近开关又称非接触式行程开关。

特点：接近开关是理想的电子开关型传感器。当检测体接近开关的区域时，开关能无接触、无压力、无火花迅速发出电气命令，准确反映出运动机构的位置和行程，若用于一般的行程控制，其定位精度、操作频率、使用寿命、安装调整的方便性和对恶劣环境的适应能力，是一般机械式行程开关所不能相比的。它具有非接触触发、动作速度快、可在不同的检测距离内动作、发出的信号稳定无脉动、工作稳定可靠、寿命长、重复定位精度高及适应恶劣的工作环境等特点。

7.3.6 超速保护装置

采用直流电动机驱动或者设有速度可调系统时，必须设有防止超出最大设定速度的限速装置， 超速保护装置必须灵敏可靠。观览车类中像大摆锤、飞毯、遨游太空大部分采用直流电动机驱动，常见的超速保护装置有旋转编码器、离心开关、测速电动机、直流限速器等。

超速保护装置

7.3.7 缓冲装置（防碰撞装置）

可能碰撞的游乐设施，必须设有缓冲装置。

（1） 同一轨道、滑道、专用车道等有两组以上（含两组）单车或列车运行时，应设防止互相碰撞的缓冲装置。

缓冲装置

主要用途是座舱或车辆发生碰撞时缓冲消耗碰撞物的动能，减轻座舱与碰撞物间的刚性力，进而避免游客撞伤、被橡胶管碰伤。

缓冲装置（防碰撞装置）多用于滑行车系列游乐设施上，如疯狂老鼠、激流勇进、太空飞车，由于此类设备运行速度较快，运行过程中不允许车辆之间发生碰撞，因此必须控制车辆间隔，当游乐设施运行到危险距离范围内时，防碰撞装置便发出报警，进而切断动力源，制动器制动，使车辆停止运行，避免车辆之间的相互碰接，防止游客撞伤、碰伤。

（2）非封闭轨道的行程极限位置，必要时应设缓冲装置。

非封闭轨道的行程极限位置设置的缓冲装置

缓冲装置种类有弹簧缓冲器、液压缓冲器、其他形式缓冲器（实体式橡胶、木材或其他弹性材料）。

弹簧缓冲器（蓄能）用于飞行塔类设备，如青蛙跳、滑行车类、架空游览车类、滑索（轻微碰撞）；

液压缓冲器（耗能）用于太空梭（用于速度较高、质量大的设备上）；

其他形式缓冲器用于如碰碰车、赛车（用于速度较慢的设备上）等，车的前后均设有撞击缓冲装置，座舱前面有缓冲杠和弹簧，当发生本座舱撞击其他座舱时，本座舱弹簧起到缓冲作用。当其他座舱撞击本座舱时，其他座舱前面的弹簧起到缓冲作用，本座舱后面的橡胶管起到缓冲作用，可大大减轻撞车对游客造成的人身伤害。

（3）升降装置的极限位置，应设置缓冲装置。落地式的吊舱在着地支脚处应有缓冲装置。

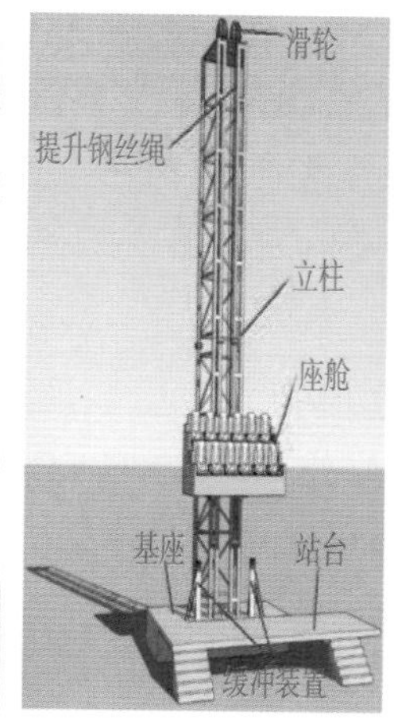

自旋滑车的弹簧缓冲装置

（4）乘人装置运动时有振动、跳动运动的自控飞机类游乐设施，应设置相应的缓冲装置。

碰碰车的实体缓冲装置

7.3.8 游乐设施电气保护

游乐设施的电气保护如下：

（1）电击保护：直接电击防护、间接电击保护、直接和间接电击防护；

（2）防雷与接地：雷电防护、接地保护；

（3）其他电气保护：过电流、过电压、欠电压、缺相、短路和过载保护。

7.3.9 游乐设施安全保护装置的使用和维护

1. 安全带的使用与维护

（1）使用前应确认安全带安装连接有无异常，带体有无破损，开启扣是否灵活可靠有效；

（2）检查扶手是否完好，安装连接是否牢靠，有无松动；

（3）使用时，操作人员应协助每个游客扣好安全带，注意将安全带头带有锁舌的一端，沿着身体往下拉安全带（注意安全带不能扭结），将锁舌插入到卡扣中，直到听到咔哒一声响后，往上提一提锁舌，以确认是否锁住，做到松紧适中并告诉游客双手抓紧扶手，对待儿童，其安全带的使用应尽量减少空隙，把安全带拉紧，以防儿童滑出造成危险；

（4）运行结束后，操作人员应协助游客解下安全带，其方法是左手拿安全带，用右手按压下安全带卡扣的按钮，取下安全带并将其轻轻放置于座舱中，避免开启扣碰伤玻璃钢等；

（5）若发现安全带已破损，锁舌、卡扣已不起作用，则必须立即换装新的安全带。

2. 安全压杠安全保护装置的使用与维护

使用前应检查：

（1）安全压杠各关节部位转动是否灵活；

（2）安全压杠安装连接是否牢固，底座的连接缝有无裂纹等；

（3）由油缸或气缸控制的安全压杠保护装置，还必须检查其控制系统是否正常，管路连接有无泄漏，压力表显示是否正常等；

（4）有关连接的销轴、螺栓螺母、弹簧等是否完好，有无异常；

（5）安全压杠测试，锁紧后无异常间隙和松动；

（6）使用时由操作人员为游客压好安全压杠后，必须检查安全压杠压下时，是否紧贴靠背，对压杠做向上反推检查，以确认压杠锁止到位；

（7）运行结束后，由操作人员松开安全压杠，引导游客安全离开座舱；

（8）检查发现安全压杠安装不牢、压紧松动、间隙大等异常情况时，应由维修人员进行检查维护，相对运动的部位，应定期加油润滑。对已修理后的安全压杠装置，必须经过严格检查并试验，确认合格后方可投入使用。

3. 锁紧安全保护装置的使用与维护

使用前应检查：

（1）安装连接是否牢固，有无松动；

（2）锁紧动作是否正常，松紧是否合适；

（3）对于气压或液压驱动的锁紧装置，还必须检查其管路有无泄漏，压力是否正常；

（4）使用时对安全带、安全压杠、安全门等锁紧装置应逐一确认其紧固是否到位，可靠有效；

（5）对发现的问题应及时找维修人员进行检查修理，对已修理后的锁紧装置，必须经过严格检查并试验，确认合格后方可开机运营；

（6）相对运动部位，应定期加油润滑。

4. 制动安全保护装置的使用与维护

使用前应检查：

（1）应逐一检查车辆的制动安全保护装置，其安装连接是否牢固，有无松动现象；

（2）有关连接的销轴、螺栓螺母、弹簧等是否完好，有无异常；

（3）制动系统管路有无泄漏，压力是否正常；

（4）各制动闸刹车片磨损是否在允许范围内，使用时应空载试机，检查各组制动装置是否动作到位、准确有效；

（5）发现问题应及时修理，未处理好前不得开机；

（6）各连杆关节转动部位应定期加润滑油。

5. 止逆（防倒退）安全保护装置的使用与维护

使用前必须认真检查：

（1）安装于座底部的止逆（防倒退）钩连接是否牢靠，止逆（防倒退）钩销轴有无异常；

（2）止逆（防倒退）钩有无磨损，是否完好；

（3）安装于斜坡止逆（防倒退）齿条连接是否可靠，止逆（防倒退）齿磨损是否正常；

（4）止逆（防倒退）钩的复位弹簧状态是否良好，有无损坏脱落；

（5）使用时应逐一对车辆（座舱）进行试机检查：方法是将座舱提升至轨道斜坡段任一位置，再切断电源，若座舱能被止逆（防倒退）钩钩住，则说明该装置性能可靠；

（6）发现问题应及时维修，并对止逆（防倒退）钩销轴定期加油润滑。

6. 运动限制安全保护装置的使用与维护

开机前认真检查：

（1）该装置的限位开关，安装连接是否牢固；

（2）触点或阻挡块是否完好，有无变位，动作是否正常；

（3）试机检查该装置动作是否灵敏可靠，限位是否准确，运动的动作是否正常；

（4）试机运行中如发现运行过程有异常、限位不准确等，应及时安排维修人员进行检查维修或更换该装置。

7. 超速限制安全保护装置的使用与维护

使用前应严格检查：

（1）安装连接是否牢靠，有无移位；

（2）使用时应先试机（进行空运转），检查该项装置的性能是否可靠有效；

（3）由于该装置是一精密仪器，一般不要移动，如有问题应请有关专业人员进行处理，问题解决后应重新试机（进行空运转）检查，确认符合有关安全规范的要求后，才能开机营业，否则严禁开机。

8. 冲防撞安全保护装置的使用与维护

（1）使用前检查该装置；

（2）安装连接是否牢固；

（3）缓冲防撞橡胶有无损坏变形；

（4）压缩弹簧弹性是否良好，弹力是否足够；

（5）导向杆有无弯曲变形；

（6）导向套应定期加油润滑。

9. 两道安全保护装置的使用与维护

游乐设施的两道安全保护装置，大多采用在销轴或拉杆连接的旁边，附设一条钢丝绳或采用双拉杆、双链条、双绳索等措施。因此，日常使用中一定要注意其连接是否牢固，是否完好，有无锈蚀破损等，一旦发现问题应及时更换处理。

10. 安全栅栏保护装置的使用与维护

安全栅栏保护装置虽然与其他安全保护装置比较，显得没有那么重要，但也不是可有可无的，它对维护游乐设施的现场秩序、确保游客安全具有不可替代的作用。因此，必须做好安全栅栏保护装置的维护保养工作，经常检查其各连接焊缝是否完好、栅栏柱与地脚板的连接有无松动、钢管表面油漆是否完好，并定期油漆翻新（不锈钢除外）。

7.4 游乐设施安全操作

游乐设施的安全使用是在作业人员和游客共同合作的过程中完成的，《特种设备安全监察条例》第三十六条提出：电梯、客运索道、大型游乐设施的乘客应当遵守使用安全注意事项的要求，服从有关工作人员的指挥。第三十九条特别指出：特种设备作业人员在作业中应当严格执行特种设备的操作规程和有关的安全规章制度。游乐设施的安全使用需要游客遵守游乐安全规则，但更主要的是要作业人员对游乐设施进行安全操作。

7.4.1 游乐设施操作人员素质要求

（1）思想端正，责任心强。工作责任心强与否，直接关系到游乐设施的安全使用。责任心强，工作认真细致，对游乐设施的安全隐患及时发现、及时处理，就会减少事故的发生。而责任心不强，工作不负责任，不注意隐患的存在，或发现了也不及时处理，就会增加事故发生的概率。

（2）具有初中以上文化程度。现代游乐设施运用了很多科技常识，没有一定的文化程度很难理解游乐设施运作的基本原理和常识。连游乐设施的运作原理都不懂，就很难发现什么是使用过程中存在的隐患了。

（3）有爱岗敬业的精神，业务技能熟练。干一行爱一行，有敬业的精神，对自己使用管理的游乐设施多了解、多钻研，提升业务技能，才能更好地操作和安全使用游乐设施。

7.4.2 游乐设施操作要求

（1）熟悉游乐设施的性能及工作原理，例如自控飞机（飞碟追击）的工作原理：

座舱升降：压缩机—储气缸—空气过滤器—油雾器—电磁阀（升降控制开关）—动作气缸—升降臂—座舱升降；

压缩机各部分的功能：压缩机（造气）、储气缸（存气）、空气过滤器（通过过滤器过滤空气中的水分）、油雾器（起雾化油的作用）、电磁阀（控制升降）、升降控制开关（由游客自控）、动作气缸（起升降作用，带动升降臂升降）；

座舱旋转：电动机—变速箱—传动齿轮（小齿）—传动链条—变速齿轮（大齿）一座舱旋转；

电动机各部分的功能：变速箱（第一级变速，减慢速度）、传动齿轮（小齿）通过传动链条带动变速齿轮（大齿）（为第二级变速），带动构架转动；

工作特点：运用气压技术特性，快速灵敏，可控性高；

（2）每天做好营业前、营业中、营业后检查设备设施；

（3）每天搞好设备及坏境卫生（添加燃料或润滑油）；

（4）空机试运转一次，确认一切运转正常才能营业；

（5）游乐设施运转时，操作人员严禁离开岗位，要密切注视游客动态；

（6）每天要填写好设备检查和运营情况登记表；

（7）遇到不正常情况或发现存在不安全因素，要紧急停机；

（8）遇到意外事故，应采取适当的应急措施。

7.4.3 游乐设施安全运营要求

7.4.3.1 每天做好运营前的安全检查

进行安全检查前将“正在检修，严禁操作”的告示牌挂在控制台上，将“此项目正在检修，暂停接客”的告示牌挂在入口处。检查的内容应结合设备运行特点进行。

（1）一般情况的观察检查

1）从外部观察是否有变形、龟裂、折损；

2）各种轴承的供油、注油情况是否良好；

3）各种开关及方向盘是否在规定的位置上；

4）旋转部分的动作是否良好；

5）是否有异常的臭味及声音；

6）油、气压装置是否漏油、漏气。

（2）电动机检查

1）地脚螺栓有无松动；

2）有无异常声响；

3）温升是否正常；

4）满载时运行应良好。

（3）安全带检查

1）固定是否牢固；

2）有无断裂现象；

3）锁扣是否灵活可靠。

（4）安全杠检查

1）动作是否灵活可靠；

2）锁紧是否可靠；

3）有无损坏现象。

（5）吊厢门检查

1）开关是否灵活；

2）两道锁紧是否可靠；

3）有无损坏现象。

以上检查后，空机试运行2次以上，确认一切正常才能接待游客。

7.4.3.2 营业中接待、检查

（1）操作人员必须微笑待客，向游客表示“欢迎光临”，验票后请客人进入机台，待游客入齐后，首先要关好入口处闸门；

（2）提示游客在游乐中途请勿站立、请勿解开安全带、请照顾好自己的小孩、小孩坐内侧、大人坐外侧等注意事项，并逐一为游客检查和扣好安全带；

（3）使用礼貌用语，通过广播正确指导游客游乐并提示游客“游乐开始”。按预备警铃2次后启动设备；

（4）游乐设施运行时，操作人员严禁离开岗位，应该集中精神、注视全场、认真操作，利用广播向游客介绍游乐的方法；

（5）游乐设施运转过程中，要密切注视游客动态，发现有不安全因素应及时用广播等方法进行制止，有必要时要采用“急停”措施；

（6）游乐将结束前，应及时提醒游客机未停稳，请勿解开安全带和离开座位。当游乐设施停稳后，应迅速打开出口处闸门，帮助游客解开安全带，扶老携幼下机，送客离场；

（7）游客全部离场后，关好出口处闸门并及时巡场一周，检查有否遗留品，整理乘载物，然后接待下一批游客；

（8）如果游客多，游乐机械运转时间长的时候，在每天运营到一定的时间，应暂停接客一段时间（10~15min），检查一下油温、压力、牵引（链条、牵引带）等部位的情况，确认一切正常，无任何反常现象，才能重新开始接待客人。

7.4.3.3 游乐设施操作服务用语

以“飞碟追击”为例：

游客进场时：欢迎光临！请大家上飞碟后坐好，小孩坐内侧，大人坐外侧，请系好安全带。

开机前：游乐就要开始了，请坐好扶稳。游乐中途请不要站立、不要解开安全带，请照顾好您的小孩。

游乐中：操纵杆向前推，飞碟下降；操纵杆向后拉，飞碟上升。按下操纵杆上的按钮，可以打下前面的飞碟。

停机前：机未停稳，请不要解开安全带，请不要站立，等机器停稳后再

下来。

送客：机已停稳，请大家解开安全带，带齐自己的物品，从出口处离场；欢迎再次光临，再见！

7.4.3.4 营业后检查

（1）先将空气压缩机电源关上，然后切断总电源开关；

（2）打开所有压缩机缸底将剩气排掉；

（3）做好清扫机器和场内的清洁卫生工作；

（4）认真检查所属范围内有无遗留火种，如发现有火种应及时扑灭；

（5）做好班后“六关一防”（关门、关窗、关灯、关电源、关风扇、关用水装置，防火）工作；

（6）要检查有没有客人留在场内；

（7）做好当日设备情况及运营记录，将一天的营业票数上交到指定点。

7.4.3.5 在运营中应特别注意的事项

（1）开机前安全栅栏内不准站人，服务人员要让那些等待上机的乘客站到栅栏外面去，以免开机时刮伤；

（2）开机前服务人员必须逐个检查乘客的安全带是否系好（安全压杠是否压好），以避免在运行时出现事故；

（3）对座舱在高空中旋转的游乐设施，服务人员要负责疏导乘客，尽量使其均匀乘坐，不要造成过分偏载；

（4）节假日乘客过多时，要适当增加监护和服务人员，以免照顾不过来而发生事故；

（5）要准备好常用的急救工具及药品。

7.4.3.6 在运营中应注意劝阻游客的事项

主要包括：

（1）劝阻乘客不要抢上，游乐设施未停稳前不要抢下，抢上抢下都容易摔倒摔伤；

（2）有人翻越安全栅栏时，要进行功阻，翻越栅栏容易摔伤，出人身事故；

（3）不准超员乘坐。遇到此种情况时，服务人员要进行说服劝阻，超员时，操作人员不要开机；

（4）不准幼儿乘坐的游乐设施，要劝阻家长不要抱幼儿乘坐。幼儿可以乘坐但不能单独乘坐的项目，一定要有家长陪同乘坐；

（5）劝阻乘客不要围长围巾乘坐游乐设施，留长辫的女乘客要戴上帽子或用手绢将辫子包好，以防围巾或辫子与运行的游乐设施绞在一起发生事故；

（6）服务人员要劝阻酗酒者不要乘坐游乐设施，酗酒者因喝酒过多头重脚轻，乘坐游乐设施很容易出问题；

（7）劝阻乘客不要将头、胳膊伸到座舱外面，以免碰到周围物体而致伤；

（8）禁止乘客在安全栅栏之内进行拍照，以防被运行着的游乐设施撞伤。

7.4.4 紧急事故状态应采取的措施

游乐设施在运营过程中，有时会出现突发性的设备和人身事故，当事故发生或将要发生时，操作人员和服务人员必须沉着冷静，采取紧急措施进行处理，以减轻事故造成的损害，下面举例说明在游乐设施出现紧急情况时，应采取的措施：

（1）在游乐设施运营过程中发现有乘客发生触电事故应采取的应急措施：

1）立即断开机器电源总开关；

2）停止运营、保护现场；

3）将触电人员转移到合适的位置；

4）采取必要的人工呼吸等急救措施；

5）迅速通知上级及医疗单位，协助将伤者送医救治；

6）保护好现场，做好事故经过的记录。

（2）游乐设施运行过程中发生人员伤亡事故时，操作人员应采取的应急措施：

1）紧急停止游乐设施运行并关闭电源开关；

2）挂牌暂停运营；

3）协助将伤者送医院救治；

4）通知上级相关部门；

5）保护好现场，做好事故经过的记录。

（3）自控飞机类游乐设施在出现紧急情况时应采取的措施：

1）当座舱的平衡拉杆出现异常，座舱倾斜及底座舱某处出现断裂情况时，应立即停机使座舱下降，同时通过广播告诉乘客一定要紧握扶手；

2）当游乐设施运行中突然停电时，座舱不能自动下降，服务人员应迅速打开手动阀门泄油（液压升降系统），将高空的乘客降到地面。当游乐设施停止旋转后，座舱不能自动下降，亦可采用此办法将乘客降到地面；

3）当游乐设施运行中出现异常振动、冲击和声响时，要立即按动紧急事故按钮，切断电源，将乘客疏散，经过检查排除故障后，方可重新开机。

（4）观览车类游乐设施出现紧急情况时应采取的措施：

1）当乘客上升过程中产生恐惧时，要立即停车使转盘反转，将恐惧的乘客尽快疏散下来，不要等转完一周后再停下来，避免出现意外；

2）当吊厢门未销好时，要立即停车并反转，服务人员将两道门均锁紧后再开机；

3）当运转中突然停电时，要及时通过广播向乘客说明情况，让乘客放心等待，立即采用备用电源（内燃机）或采用手动卷扬机构转动转盘将乘客逐个疏散下来。

（5）转马类游乐设施出现紧急情况时应采取的措施：

1）当运行中有乘客不慎从马上掉下来时，服务人员要立即提醒乘客不要下转盘，否则会发生危险，并立即停止运行；

2）当有人将脚插进转盘与站台间隙中间时，要立即停车。

（6）陀螺类游乐设施出现紧急情况时应采取的措施：

1）当升降大臂不能下降时，先停机，确认无其他机械故障后，方可手动打开放油阀，使大臂徐徐下降；

2）当吊椅（双人飞天）悬挂轴断裂时，因有钢丝绳保险设施，椅子不会掉下来，但要立即告诉乘客抓紧扶手，同时紧急停车，将吊椅慢慢降下。

（7）滑行车类游乐设施出现紧急情况时应采取的措施：

1）正在向上提升的滑行车，若设备或乘客出现异常情况，按动紧急停车按钮，停止运行，然后将乘客从安全走道疏散下来；

2）如果滑行因故障停在提升段的最高点上（车头已经过了最高点），应将乘客从车头开始，依次向后进行疏散，注意一定不要从车尾开始疏散，否则滑行车可能会因车头重而向前滑移，造成事故。

（8）小赛车类游乐设施在出现紧急情况时应采取的措施：

1）当小赛车冲撞周围防护拦阻挡物翻车时，操作人员应立即赶到翻车地点，并采取相应救护措施；

2）小赛车进站不能停车时，服务人员应立即上前，扳动后制动器的拉杆，协助停车，以免进站冲撞等候的其他车辆和乘客；

3）车辆出现故障，当操作人员在场中跑道内排除故障时，绝对不允许站台再发车，以免发生冲撞意外。故障不能马上排除时，要及时将车辆移到跑道外面。

（9）碰碰车类游乐设施在出现紧急情况时应采取的措施：

1）车的激烈碰撞使乘客胸部或头部碰到方向盘而受伤时，操作人员要立即按下停止按钮，采取相应救护措施；

2）突然停电时，操作人员要切断电源总开关，并将乘客疏散到场外；

3）乘客万一触电时，要有急救措施。

7.5　大型游乐设施现场安全监督检查程序

大型游乐设施现场安全监督检查程序主要包括：出示证件、说明来意、现场检查、作出记录、交换检查意见、下达安全监察指令书、采取查封扣押措施、现场处罚和整改复查等。

检查人员有权行使现场检查权、查阅复制权和调查询问权，被检查单位因故不能提供有关书证材料的，检查人员可以书面通知被检查单位后补。

被检查单位无正当理由拒绝检查人员进入大型游乐设施使用场所检查，或者不予配合、拖延、阻碍正常检查，或者拒绝签字、签收相关文书的，可以认定为不接受依法实施的安全监察，按《中华人民共和国特种设备安全法》《特种设备安全监察条例》第八十七条的规定给予行政处罚。

检查人员将检查中发现的主要问题、处理措施等信息汇总后，制作检查记录，检查记录由被检查单位参加人员和检查人员双方签字，签字前，检查人员会就检查情况与被检查单位参加人员交换意见。

有证据表明生产、使用的大型游乐设施或者其主要部件不符合大型游乐设施安全技术规范的要求，或者在用设备存在以下严重事故隐患之一的，执法机构会予以查封或者扣押：

（1）使用非法生产的大型游乐设施；

（2）使用的大型游乐设施缺少安全附件、安全装置，或者安全附件、安全装置失灵的；

（3）使用应当予以报废的大型游乐设施或者不符合规定参数范围的大型游乐设施的；

（4）使用超期未检或者经检验检测判为不合格的大型游乐设施的；

（5）使用有明显故障、异常情况的大型游乐设施，或者使用经责令整改而未予整改的大型游乐设施的；

（6）大型游乐设施发生事故不予报告而继续使用的。

但如果使用单位就以上问题能够当场整改的，可以不予查封、扣押。在用大型游乐设施因连续性生产工艺等客观原因不能实施现场查封、扣押的，可由被检查单位在检查记录上说明情况，暂不实施查封、扣押的，待被检查单位正常停用后予以查封、扣押，其间发生事故的，由被检查单位承担责任。

检查时发现下列情形之一的，检查人员应当下达特种设备安全监察指令书，责令被检查单位立即或者限期采取必要措施予以改正或者消除事故隐患：

（1）发现有违反《中华人民共和国特种设备安全法》《特种设备安全监察条例》的行为；

（2）发现有违反安全技术规范的行为；

（3）发现在用设备存在事故隐患。

市场监督管理部门的检查人员通过特种设备动态监管信息化系统或者特种设备检验检测机构的报告，发现大型游乐设施使用单位存在违法、违规行为或者事故隐患的，可以不经过现场检查直接下达特种设备安全监察指令书。

被检查单位在用大型游乐设施存在严重事故隐患或者有以下严重违法行为的，经一定程序后，检查人员可以下达特种设备安全监察指令书令使用单位停止使用大型游乐设施：

（1）明知故犯或者屡次违规、违法的；

（2）防碍监督检查的；

（3）转移、毁灭证据或者擅自破坏封存状态的；

（4）伪造有关文件、证件，或者作假证、伪证，或者威胁证人作假证、伪证的；

（5）发生一般及其以上事故的。

检查提出整改要求的，检查人员应当在整改期限届满后3个工作日之内对隐患整改情况进行复查。

发现被检查单位应受行政处罚的，现场处罚案件由检查人员按照《技术监督行政案件现场处罚规定》当场实施处罚。立案处罚案件按照《技术监督行政案件办理程序的规定》办理，其中，吊销（撤销）许可资格案件由发证质监部门的安全监察机构承办，其他立案处罚案件可以移交质监部门专职执法机构承办。

发现被检查单位或者人员涉嫌构成犯罪的，应当按照《行政执法机关移送涉嫌犯罪案件的规定》移送公安机关调查处理。

被检查单位拒绝签字的，检查人员可以记录在案；拒绝签收相关执法文书的，可以采取留置、邮寄、公告等方式进行送达。有条件的，可以采取邀请第三方作证、照相、录音、摄像等方式取证。

第8章　索道

8.1　概述

客运索道是指动力驱动，利用柔性绳索牵引厢体等运载工具运送人员的机电设备，包括客运架空索道、客运缆车、客运拖牵索道等。非公用客运索道和专用于单位内部通勤的客运索道除外。

客运索道的服务对象是临时乘客，尤其是广大少年儿童特别喜欢乘坐，一旦发生事故，社会影响特别恶劣，对人民群众的心理和精神伤害特别严重。

8.2　缆车的类型

缆车是由驱动机带动钢丝绳，实现人员或货物输送目的之设备的统称或一般称谓，缆车是牵引车厢沿着有一定坡度的轨道上运行的一种交通工具，轨道坡度一般以15°～25°为宜。缆车线路按运输量、地形和运距等可设计成单轨、双轨以及单轨中间加错车道或换乘站等多种形式。

缆车的运行速度一般不大于13千米每小时。为适应线路的地形条件和乘坐舒适，载人车厢的座椅应与水平面平行并呈阶梯式，以便于人员上下和货物装卸。

当车厢在运行中发生超速、过载、越位、停电、断绳等事故时，要有相应的安全措施保证乘客安全。由于缆车对地形的适应性较差，建设费用高，长距离运输效率低，因此它的应用和发展受到限制。为保证乘客安全，缆车配有一系列安全设施。

根据中国索道工程领域专业命名规则，车辆和钢丝绳架空运行的缆车设备，定义为架空索道（以下又称索道）；而车辆和钢丝绳在地面沿轨道行走的缆车设备定义为地面缆车。

索道的类型详见8.3节。

架空索道

地面缆车由驱动机带动钢丝绳，牵引车厢沿着铺设在地表并有一定坡度的轨道上运行的一种交通工具。轨道坡度不受限，一般以15° ~25° 为宜。缆车线路按运输量、地形和运距等可设计成单轨、双轨以及单轨中间加错车道或换乘站等多种形式。为使乘客乘坐舒适，便于乘客上下车和装卸货物，车厢内座椅应与水平面平行并呈阶梯式。

地面缆车最重要的安全装置是轨道制动器，当钢丝绳索缆断裂时，车厢可以自动抱紧在钢轨上，以保证乘客的安全。由此附带的其他安全装置是车与站之间的数字信号通信系统，用于保证轨道制动器动作时，驱动装置和控制系统采取相应的停车等措施。

地面缆车

8.3 索道的类型

索道（Ropeway）又称吊车、缆车、流笼（缆车又可以指缆索铁路），是交通工具的一种，通常在崎岖的山坡上运载乘客或货物上下山。索道是利用悬挂在半空中的钢索，承托及牵引客车或货车。除了车站外，一般在中途每隔一段距离建造承托钢索的支架。部分的索道采用吊挂在钢索之下的吊车；亦有索道是没有吊车的，乘客坐在开放在半空的吊椅。使用吊椅的索道在滑雪区最为常见。

索道

索道按支持及牵引的方法，可以分为2种：

（1）单线式：使用一条钢索，同时支持吊车的质量及牵引吊车或吊椅。

（2）复线式：使用多条钢索，其中用作支持吊车质量的一或两条钢索是不会动的，其他钢索则负责拉动吊车。

索道按行走方式可分为2种：

（1）往复式：索道上只有一对吊车，当其中一辆上山时，另一辆则下山。两辆车到达车站后，再各自向反方向行走，这种索道称为Aerial Tramway。往复式吊车的每辆载客量一般较多，可以达每辆100人，而且爬坡力较强，抗风力亦较好。往复式索道的速度可达8米每秒。

（2）循环式：索道上会有多辆吊车，拉动的钢索是一个无极的圈，套在两端的驱动轮及迂回轮上。当吊车或吊椅由起点到达终点后，经过迂回轮回到起点循环，循环式索道称为Gondola lift。台北猫空缆车属循环式索道。

固定抱索式吊车或吊椅正常操作时不会放开钢索，所以同一钢索上所有吊车的速度都会一样。有的固定抱索式索道，吊车平均分布在整条钢索上，钢索以固定的速度行走。这种设计最为简单，但缺点是速度不能太快（一般为1米每秒左右），否则乘客难以上落。

循环式索道可再分为2种：

（1）固定抱索式：吊车或吊椅正常操作时不会放开钢索，所以同一钢索上所有吊车的速度都会一样。有的固定抱索式索道，吊车平均分布在整条钢索上，钢索以固定的速度行走。这种设计最为简单，但缺点是速度不能太快（一般为1米每秒左右），否则乘客难以上下。亦有的固定抱索式索道采用脉动设计，把吊车分成4组、6组或8组，每组由3~4辆车组成，组与组之间的距离相同。同组的吊车同时在车站上下乘客，当其中一组吊车在站内时，钢索及各组车同时放慢速度。吊车离开车站后，一起加速行驶。这种索道行驶速度较快（站内0.4米每秒，站外4米每秒左右），乘客上下容易，但距离不能太长，运载能力亦有限。

（2）脱挂式：亦称脱开挂结式，吊车以弹簧控制的钳扣握在拉动的钢索上。当吊车到达车站后，吊车扣压钢索的钳会放开，吊车减速后让乘客上下。离开车站前，吊车会被机械加速至与钢索一样的速度，吊车上的钳再紧扣钢索，循环离开。这种索道的速度快，可达6米每秒，运载能力亦大。

索道

天门山索道

8.4 索道的安全管理

8.4.1 注意事项

乘客进入索道站后，应遵守以下规定：

（1）车上（吊椅、吊篮、吊厢）严禁吸烟、嬉闹和向外抛撒废弃物品；

（2）禁止携带易燃易爆和有腐蚀性、有刺激性气味的物品上车；

（3）对于患有高血压、心脏病以及不适于登高的高龄乘客，建议不要乘坐吊椅式索道；

（4）未经许可，乘客不得擅自进入机房或控制室；

（5）无论索道是停或开，都不允许乘客从吊椅（吊篮、吊厢）上跳离或爬上去。如跳下可能导致脱索或吊椅振动太大而损坏，如中途停车或发生其他故障，勿惊慌，要听从工作人员的指挥；

（6）严禁摇摆、振动吊椅（吊篮、吊厢），站在吊椅上或吊在吊椅下，有可能引发事故并缩短索道设备的寿命；

（7）自觉遵守公共秩序，服从工作人员的指挥，依次进站上车，不准拥挤和抢上，严禁从出口上进口下；

（8）严禁在站台上照像和逗留；

（9）严禁乘客乘坐吊椅（吊篮、吊厢）通过驱动轮和迂回轮。

客运架空索道救护相关规定：

（1）应根据地形情况配备救护工具和救护设施，沿线不能垂直救护时，应配备水平救护设施。救护设备应有专人管理，存放在固定的地点，并方便存取。救护设备应完好，在安全使用期内，绳索缠绕整齐。吊具距离地面大于15m时，应用缓降器救护工具，绳索长度应适应最大高度救护要求。

（2）采用垂直救护时，沿线路应有行人便道，由索道吊具中救下来的游客可以沿人行道回到站房内。

（3）应有与救护设备相适应的救护组织，人员要到岗。

常见的两种救护方法：

（1）当外部供电回路电源停电，或主电机控制系统发生故障时，应开启备用电源，如柴油发电机组供电，借辅助电机以慢速将客车拉回站内。

（2）当机械设备、站口系统、牵引索等发生重大故障导致索道不能继续运行时，必须采用最简单的方法，在最短的时间内将乘客从客车内撤离到地面。营救时间不得超过3小时。撤离方法取决于索道的类型、地形特征、气候条件、客车离地面高度。

8.4.2 索道管理制度

索道岗位责任制如下：

1. 索道操作工

（1）坚守工作岗位，持证上岗，严格执行现场交接班制度；

（2）工作中集中精力，精通业务，钻研技术，提高工作效率；

（3）索道运行期间不准离开操作台，随时注意显示数据以及设备运转情况，保证安全运行；

（4）严守“要害场所管理制度”，执行入室登记制度，非工作人员未经批准严禁入内；

（5）工作前检查好信号，机械和电气各部分以及安全保护装置动作是否灵敏可靠，各部分是否牢固，钢丝绳有无断丝、变形，发现问题立即停车处理并及时汇报；

（6）保持工作地点的卫生清洁；

（7）信号不明不准开车，发送信号及时准确；

（8）严格执行操作规程，认真执行巡回检查和交接班等有关制度，有权拒绝违章指挥；

（9）运转时注意各部件运转声响，随时观察仪表指示情况以及轴承和电机温度变化、润滑系统的供油情况，保证安全运转；

（10）设备操作人员必须做到班前充分休息，不喝酒，班中不擅离职守；

（11）认真填写运转、交接班记录，做到操作、检修、消防用具齐全，保证设备与环境卫生整洁干净。

2. 小班维护工

（1）负责当班的一般故障处理和设备维护工作；

（2）坚守岗位，严格执行操作规程，认真执行现场交接班制度；

（3）开车前认真检查设备、信号、通信和安全设施是否完好；

（4）严格遵守各项管理规定，圆满完成当班任务；

（5）负责清理工作地点的环境卫生。

3. 大班检修工

（1）认真巡回检查，发现问题及时处理，维护质量，设备完好率达到规定要求；

（2）掌握所管设备的运转情况，抓好关键部位、薄弱环节的检查，维护好安全制动保护装置，要定期调整试验，保证灵活可靠；

（3）严格执行各项规章制度和安全操作规程；

（4）要认真落实好日、周、月检计划；

（5）要严格按规章制度办事，发现危及设备正常运转和安全的问题立即采取措施，及时向领导汇报，保证安全生产。

4. 班组长

（1）正队长　负责全队的各项工作，每天井下与井上工作必须在8小时以上，做到上传下达，与领导积极配合，完成串车的各项任务；

（2）检修班队长　带领全队检修人员积极主动地完成各项检修工作，保证安排好检修人员与工作时间；

（3）小班队长　严格管理，必须保证3小班不出现脱岗、早升坑现象；负责开中班、夜班班前会和3小班查岗工作，井上井下时间不少于8小时，每月不准多于10个夜班。

8.4.3 索道设备日、周、月检制度

8.4.3.1 机械部分

1. 驱动部分

（1）基础及钢架结构

1）混凝土基础牢固可靠，未出现开裂现象（月检）；

2）钢架结构无扭曲变形，螺丝紧固有效（日检）。

（2）驱动轮

1）驱动轮轮衬磨损余厚不小于原厚度的三分之一，否则应及时更换轮衬（日检）；

2）轮缘、辐条无裂纹、变形，键不松动，紧固螺母无松动（周检）；

3）驱动轮转动灵活，无异常摆动和异常声响（日检）。

（3）制动闸

1）制动闸杠杆系统动作灵敏可靠，销轴不松晃，不缺油；闸轮表面无油迹，液压系统不漏油（日检）；

2）松闸状态下，闸瓦间隙不大于2.5mm，制动时闸瓦与闸轮紧密接触，有效接触面积不小于设计要求的60%（周检）；

3）闸带无断裂现象，磨损余厚不小于3mm，闸轮表面沟痕深度不大于1.5mm，沟宽总计不超过闸轮有效宽度的10%（周检）。

（4）声光信号

声光信号完好齐全，吊挂整齐，防爆、报警信号灵敏可靠。若发现信号异常，应及时修复（周检）。

（5）钢丝绳运行应平稳，速度正常，否则应查明原因及时处理（日检）。

2. 迂回轮及张紧装置

（1）迂回轮

1）轮衬磨损余厚不小于原厚的三分之一，否则应及时更换轮衬（日检）；

2）轮缘、辐条无裂纹、变形，轴不松动，紧固螺母无松动（周检）；

3）迂回轮转动灵活，无异常摆动和异常声响（日检）。

（2）张紧装置

能够随时灵活调节运载钢丝绳在运行过程中的张力，活动部位移动灵活，活动滑轮上下移动灵活，不卡轮轴、不歪斜（日检）。

1）重锤上下活动灵活，不卡、不挤、不碰支撑架，配重安全设施稳固可靠（周检）；

2）滑动尾轮架距滑动导轨的极限位置不小于500mm，否则要考虑更换钢丝绳（日检）；

3）收绳装置灵活可靠（月检）。

3. 吊椅部分

（1）各部件齐全完整，螺丝紧固有效，无开焊、裂纹或变形（日检）；

（2）锁紧装置齐全、有效，无变形（日检）；

（3）摩擦衬垫固定可靠（日检）。

4. 轮系部分

（1）所有的托轮、压轮应转动灵活、平稳、不晃动（日检）；

（2）轮衬贴合紧密无脱离现象，轮衬磨损余厚不小于5mm（周检）；

（3）托轮架稳固，无弯曲变形及位置偏移等现象（月检）；

（4）各部件联接螺栓紧固有效，焊缝无开裂现象（日检）。

5. 钢丝绳部分

钢丝绳断丝不超过四分之一，磨损锈蚀不超过其使用寿命极限，否则应及时更换钢丝绳（日检）。

8.4.3.2 电气部分

1. 日检项目

（1）检查索道变频器各显示器显示内容是否正常；

（2）司机台按钮开关接点是否灵活可靠，各转换开关是否正确、灵活、可靠；

（3）司机台操作按钮是否灵活可靠，指示灯和指示仪表是否指示正确；

（4）检查变频器各线嘴接线是否符合规程要求，有无松动；

（5）制动器电机、主电机各部分音响是否正常；

（6）各声光信号是否清晰可靠，照明灯具线路是否整齐合理、安全可靠；

（7）主电机地基螺丝及底座的固定情况；

（8）检查所有安全保护动作是否正常，全线急停使用的钢丝绳是否完好。

2. 周检项目

（1）检查变频器内部各继电器及配件是否完好、动作是否可靠；

（2）所有电气设备内部线路板的灰尘清理；

（3）所有电机电源线是否有损坏现象，各控制开关是否动作灵活可靠；

（4）电机声音、温度是否正常；

（5）低压开关的各项保护是否动作可靠，接线是否完好，声音是否正常；

（6）所有安全保护接点及固定情况。

3. 月检项目

（1）低压开关、隔离开关是否接触可靠，操作机构是否灵活，各保护跳闸是否灵敏可靠；

（2）主电机的定子、转子接线是否紧固整齐，地线连接是否可靠，主电机地基螺丝是否松动；

（3）所有接线、接地线是否良好；

（4）主电机润滑油脂情况；

（5）所有电气设备接线盒是否良好；

（6）机壳及外露金属表面，均应进行防腐处理。

8.4.4 索道运行分工规定

为了保证索道安全运转，特制定分工制度，具体如下：

1. 机电区

（1）下电

负责电机、开关、线路、信号、照明的维护及更换。

（2）下修

1）负责减速机更换、升坑、送制修厂检修；

2）更换索道联轴器及对轮螺栓（需由安监处联系）；

3）配合索道人员更换钢丝绳（需由安监处联系）；

4）钢丝绳计划，配合索道人员洗绳（需由安监处联系）；

5）机头架子电焊（需由安监处联系）；

6）编写材料计划及进备件。

2. 安监处

1）负责日常索道全面检查；

2）机头架子各部位螺丝检查，如有松动及时紧固；开车前检查；

3）检查钢丝绳，组织索道续绳；

4）检查及更换托绳轮；

5）检查及更换猴杆皮子；

6）猴杆损坏后负责升坑修理；

7）减速机续油，更换固定螺丝；

8）索道机道清理；

9）索道出现问题需机电区处理的要及时通知机电区；

10）维持乘坐人员秩序，调剂上下乘坐吊椅的数量。

第9章　安全监察

9.1　概述

特种设备是现代社会人们生产、生活的重要设备和设施，但由于其涉及生命安全，具有潜在的危险性，国家对特种设备实行了安全监察制度。

目前，纳入我国特种设备安全监察范围的有锅炉、压力容器（含气瓶）、压力管道、电梯、起重机械、客运索道、游乐设施、场（厂）内机动车辆等危险性较大的承压和机电设备。

已纳入安全监察范围的特种设备的具体目录，由国务院特种设备安全监督管理部门制定，且报国务院批准后执行。故具体规定可查国家质检总局颁布的《特种设备目录》。

特种设备是经济发展的基础设备设施，直接关系国民经济的安全运行。随着我国工业化进程的不断加快，特种设备对国民经济发展的支承作用也日益明显。特种设备广泛分布于第一、第二、第三产业，并涉及人民生活的方方面面。特种设备在造福人类的同时，也因其具有潜在的危险性，一旦管理不善会给人类带来灾难，如电梯、起重机械、游乐设施、客运索道等机电类特种设备具有失稳、失效和倒塌等危险性。

由于特种设备具有潜在危险性的特点和在经济生产及社会生活中特殊的重要性，其安全问题历来受到各国政府的高度重视，并利用法律、行政、经济等手段采取强制措施予以专门的监督管理。

本章主要从特种设备安全监察体制、主要制度及相应法规标准体系等方面介绍我国特种设备安全监察的相关知识。

9.2　特种设备安全监察体制

我国实行的特种设备安全监察制度，具有强制性、体系性及责任性的特点。它主要包括行政许可、监督检查、事故处理和责任追究等内容。安全监察是负责特种设备安全的政府行政机关为实现安全目的而从事的决策、组织、管理、控制和监督检查等活动的总和。对特种设备实行安全监察是国务院赋予特种设备安全监督管理部门的职责和权力；安全监察活动是为了公众安全，从国家整体利益出发，以政府的名义并利用行政权力进行的。

根据现行法规，特种设备安全监察由政府行政监察机构和检验检测机构等共同实施。特种设备安全监察机构代表国家行使政府行政监督，检测检验机构作为安全监察的技术支承，承担着技术检验工作。国家、省（自治区、直辖市）市（州、地）、县特种设备安全监督管理部门设立特种设备安全监察机构，检验检测机构则分别由特种设备安全监察政府主管部门、行业及企业设立。特种设备安全监察、检验实行分级管理。政府检验机构可以承担所有法定项目的检验；企业和行业等社会检验机构从事在用设备的定期检验，其中企业检验机构负责本企业内部的在用设备的定期检验。

为了提高行政效能，按照精简、效能原则，特种设备行政许可和事故调查中的一些具体的、技术性和事务性工作由经国家、省级特种设备安全监督管理部门认定或指定的鉴定评审机构、型式试验机构、考试机构承担，它们也是特种设备安全监察体制的组成部分。

此外，有关协会、学会、科研院所、大专院校、技术委员会等组织也在特种设备安全方面发挥着技术支持的作用。

我国特种设备安全监察行政管理体制如图所示：

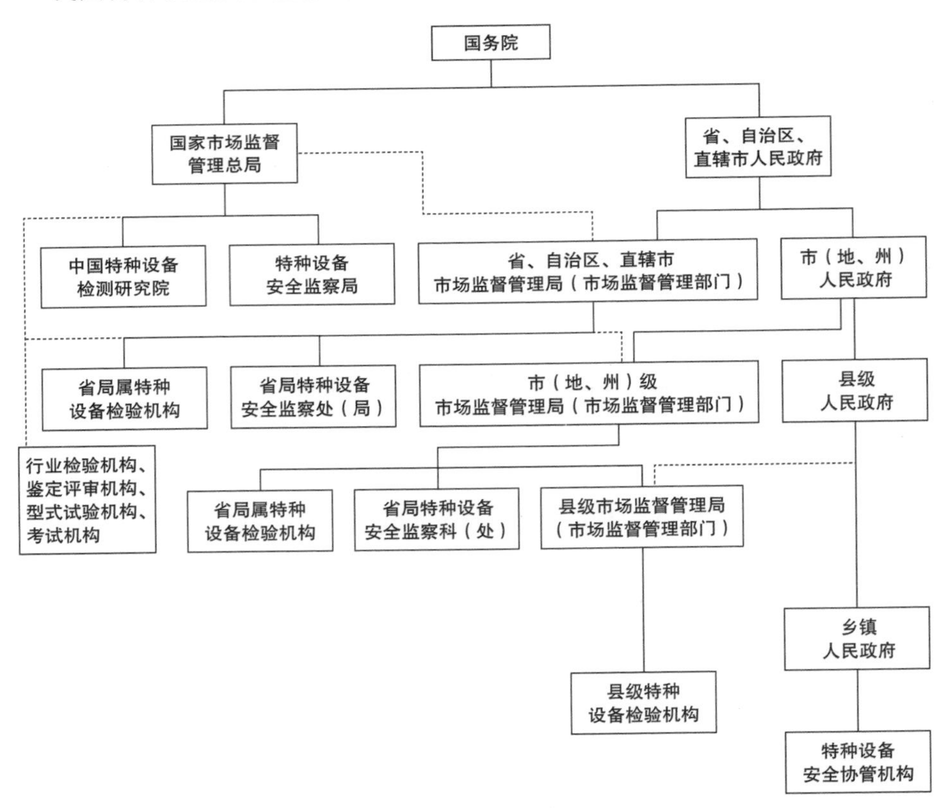

特种设备安全监察体制

9.2.1 各级人民政府

按照各级政府对安全生产监督管理负总责的要求，各级政府特种设备安全监督管理部门的主要职责如下：

1）支持、督促特种设备安全监督管理部门和有关部门依法履行特种设备安全监督管理职责。

2）对特种设备安全监督管理中存在的重大问题应当及时予以协调、解决。

3）做好特种设备事故调查的领导工作，支持、配合上级人民政府或者特种设备安全监督管理部门的事故调查处理工作，依法批复特种设备事故调查报告。

9.2.2 特种设备安全监督管理部门

根据国务院发布的《中华人民共和国特种设备安全法》，特种设备安全监察由政府设立的特种设备安全监督管理部门负责。特种设备安全监督管理部门代表国家实行政府特种设备行政监督职能。国家质检总局，省（自治区、直辖市）、市（州、地）、县各级质监部门中设立特种设备安全监察机构。

各级特种设备安全监督管理部门特种设备安全监察的职责如下：

（1）积极宣传安全生产的方针、政策和特种设备安全法律、法规，督促有关单位贯彻执行。

（2）制定或参与审定有关特种设备的安全技术规程、标准。

（3）对特种设备生产、使用单位和检验检测机构实施安全监察，对每次安全监察的内容、发现的问题及处理情况做出记录；填写《特种设备现场检查记录》，并由参加安全监察的特种设备安全监察人员和被检查单位的有关负责人签字后归档。如有被检查单位的有关负责人拒绝签字的，特种设备安全监察人员应当将情况记录在案。

（4）发现有违反《特种设备安全监察条例》和安全技术规范的行为或者在用的特种设备存在事故隐患的，特种设备安全监察人员以书面形式发出《特种设备安全监察指令书》，责令有关单位及时采取措施，予以改正或者消除事故隐患。紧急情况下需要采取紧急处置措施的，应当随后补发书面通知。

（5）发现重大违法行为或者严重事故隐患时，在采取必要措施的同时，应当及时向上级特种设备安全监督管理部门报告。对违法行为或者严重事故隐患的处理需要当地人民政府和有关部门的支持、配合时，应当报告当地人民政府，并通知其他有关部门。

（6）监督有关单位对从事特种设备作业等特种设备作业人员的培训和考试，核发作业证。有权制止没有作业证的人员从事特种设备的制造、安装、维修保养、使用操作，有权制止其他特种设备作业人员违章操作。

（7）有权组织、参加或进行特种设备的事故调查，并提出处理意见。

9.2.3 特种设备安全监察人员

特种设备安全监察员是指在国家、省（自治区、直辖市）、市（州、地）、县特种设备安全监督管理部门特种设备安全监察机构，依法从事特种设备安全监察工作的人员。

特种设备安全监察员分为A类（专业技术类）和B类（管理类）。其中，A类安全监察员从事包括行政程序类监察执法（特种设备以及生产使用单位和相关人员、检验检测机构和人员是否符合行政许可资格要求等）和安全技术类监察执法（特种设备以及生产使用单位和相关人员的工作、检验检测机构和人员是否符合安全技术规范及标准的要求等）；B类安全监察员从事行政程序类监察执法。

特种设备安全监察员职责如下：

（1）积极宣传安全生产的方针、政策和有关特种设备安全的法规、规章及安全技术规范，督促有关单位贯彻执行。

（2）依法对特种设备生产（含设计、制造、安装、改造、维修，下同）单位、使用单位、检验检测机构、相关人员实施安全监察工作，按照国质检法〔2004〕40号文件1规定对违法行为实施行政处罚工作。

（3）参与制定或者审定有关特种设备安全技术规范、标准；参加特种设备新技术、新材料、新工艺科技鉴定、评审工作。

（4）参加特种设备事故调查，并提出建议和意见。

（5）履行法规、规章规定的其他职责。

9.2.4 特种设备安全监察协管员

根据特种设备安全监察工作的需要，地方质监部门可以在乡镇、社区及特种设备较为集中的行业和使用单位及相关的其他单位，聘任特种设备安全监察协管员。

特种设备安全监察协管员应当经省级质监部门培训考核，颁发特种设备安全监察协管员证后，方可从事特种设备安全监察协管工作。

特种设备安全监察协管员的职责是协助特种设备安全监察机构检查特种设备安全，发现违法行为和事故隐患及时向特种设备安全监察机构报告。特种设备安全监察协管员不得以质监部门的名义对特种设备生产、使用单位和检验检测机构做出具体行政决定，即其不具有行政执法和行政处罚等行政强制权力。

9.2.5 特种设备检验检测机构

特种设备检验检测机构是指从事特种设备定期检验、监督检验、型式试验、无损检测等检验检测活动的技术机构，包括综合检验机构、型式试验机构、无损检测机构、气瓶检验机构（以下统称“检验检测机构”）。

检验检测机构应当经国家质检总局核准，取得特种设备检验检测机构核准证后，方可在核准的项目范围内从事特种设备检验检测活动。

检验检测机构分有3种类型：第1种，履行特种设备安全监察职能的政府部门设立的专门从事特种设备检验检测活动、具有事业法人地位且不以营利为目的的公益性检验检测机构，可以从事特种设备监督检验、定期检验和型式试验等工作；第2种，在特定领域或者范围内从事特种设备检验检测活动的检验检测机构，可以从事特种设备型式试验、无损检测和定期检验工作；第3种，特种设备使用单位设立的检验机构，负责本单位一定范围内的特种设备定期检验工作。

履行特种设备安全监察职能的政府部门设立的检验检测机构与其他领域的检验检测机构相比，具有以下特征：第一，检验检测机构在特种设备安全领域发挥着重要作用，它既是特种设备安全监察体制的重要组成，承担技术支承作用，又是被监督检查的对象；第二，特种设备监督检验、定期检验、型式试验等检验是法定的、强制性的检验；第三，特种设备安全监督管理部门设立的检验检测机构对制造、安装、修理、改造的检验具有监督和验证检验性质；第四，检验检测机构必须按照特种设备安全监督管理部门核定的特种设备检验任务要求履行检验覆盖职责；第五，检验检测机构在实施检验过程中，承担检验“三确认”任务（即检验检测机构在开展特种设备检验时，同时确认使用单位特种设备使用登记、安全管理规章制度、特种设备作业人员持证情况），发现严重隐患应当及时告知使用单位，并向特种设备安全监督管理部门报告；第六，检验检测工作必须按照国家规定的收费标准收费。

现行法规、规章和安全技术规范中，对检验检测机构有一些特殊规定，归纳如下：

（1）检验检测机构和检验检测人员进行特种设备检验检测，应当遵循诚信原则和方便企业的原则，为特种设备生产、使用单位提供可靠、便捷的检验检测服务。

（2）检验检测机构应当指派持有检验检测人员证的人员从事相应的检验检测工作。检验检测机构对涉及的受检单位的商业秘密，负有保密义务。

（3）检验检测机构应当客观、公正、及时地出具检验检测结果、鉴定结论，并且对检验检测结果、鉴定结论负责。

（4）检验检测机构进行特种设备检验检测，发现严重事故隐患或者能耗严重超标的，应当及时告知特种设备使用单位，并且立即向特种设备安全监督管理部门报告。

（5）检验检测机构不得从事特种设备的生产、销售，不得进行推荐或者监制、监销特种设备等影响公正性的活动。

9.3　特种设备安全监察主要制度

9.3.1 行政许可制度

我国实行的特种设备安全监察制度，一个重要内容是对涉及特种设备安全的重要事项实施行政许可，即对特种设备生产实施市场准入制度、对特种设备实施准用制度、对特种设备检验实施核准制度。市场准入制度主要是对从事特种设备设计、制造、安装、维修、维护保养、改造、气体充装单位实施资格许可，对部分特种设备产品制造、安装、维修、改造实施安全性能监督检验。

对在用的特种设备通过定期检验、注册登记，施行准用制度。对从事特种设备监督检验、定期检验、型式试验和无损检测等检验机构施行核准制度。特种设备行政许可的具体项目和要求，可见国家质检总局印发的《特种设备行政许可实施办法（试行）》和《特种设备行政许可分级实施范围》等文件。

1. 设计许可制度

该制度主要包括对设计单位实行许可制度和对特种设备设计文件实施鉴定制度。其中对锅炉、医用氧舱、气瓶、客运索道和游乐设施等特种设备，采取对制造单位的设计文件鉴定方式，并对其设计进行监督。

2. 制造许可制度

制造许可分为境内和境外两个方面，且按照统一的标准进行许可认证。境内制造许可具体做法有两个方面内容：①发证前审查把关，对锅炉、压力容器（包括移动式承压类特种设备）、电梯、起重机械、客运索道、大型游乐设施及其安全附件，安全保护装置制造单位，以及压力管道元件的制造单位和场内机动车辆制造单位，实行制造许可证制度；通过审查制造单位人员、工装设备、场地等条件，审查制造单位质量保证体系的运行情况，对符合规定的发给特种设备制造许可证。②制造过程中控制把关，对锅炉、压力容器（包括移动式承压类特种设备）等实行安全性能驻厂监督检验制度，同时，对制造单位的质量保证体系运行情况进行监督检查。

3. 安装、维修、改造许可制度

特种设备中大型锅炉和大型压力容器（包括移动式承压类特种设备）是通过现场将产品部件安装组焊而成，其安装是产品制造的继续；压力管道是通过安装来形成产品；电梯、起重机械、大型游乐设施、客运索道等也是通过安装形成完整产品，如果质量控制不严，会埋下先天性缺陷，导致事故发生。

对于更换、维修锅炉、压力容器（包括移动式承压类特种设备）、压力管道的受压元件，更换、维修电梯、起重机械、大型游乐设施、客运索道、场内机动车辆等设备的影响强度的部件和安全装置，会引起设备安全性能变化，如果维修、改造不当，会严重降低安全性能。

此外电梯是一种典型的机电一体化设备，由于机械、电气部件有磨损、老化和受外界干扰等特征，需要进行定期维护保养。

我国对特种设备安装、维修（含电梯维护保养）、改造环节实行的许可制度也分成两个方面内容：①对安装、维修、改造单位资格进行许可；②实行安装、改造和重大维修的过程的监督检验。

4. 气体充装许可制度

气体充装是指利用专用充装设备、将储存在固定压力容器中或者气体发生装置中的压缩气体、液化气体、低温气体和溶解气体充装入气瓶、罐车等移动式承压类特种设备的生产过程。其中，气瓶、罐车是气体的包装物，充装单位通过将气体盛装在气瓶、罐车（移动式承压类特种设备）内向用户销售气体，并且在销售中重复利用气瓶（不包括非重复充装气瓶）和罐车。由于气瓶、罐车（移动式承压类特种设备）的安全多与气体充装有着重要的联系，在我国对气瓶、罐车（移动式承压类特种设备）等气体充装实行资格许可制度。

5. 特种设备使用登记制度

实行特种设备使用登记制度是控制非法设计、非法制造、非法安装、非法改造的特种设备进入使用环节的重要行政措施，保证了新投用或设备使用单位使用条件和使用参数等变更的设备符合安全要求。具体要求是：使用单位在设备投用前或投入使用后的30日内，向所在地设区的市级特种设备安全监督管理部门办理使用登记手续，并且把登记标志置于或者附着于该设备的显著位置。

6. 特种设备作业人员考核制度

特种设备的安全不仅与设备本身质量有关，而且与其相关的作业人员的业务素质及水平有关。为了保证特种设备的安全运行，特种设备作业人员及其相关管理人员应当按照国家有关规定经特种设备安全监督管理部门考核合格，且取得国家统一格式的特种作业人员证书，方可从事相应的作业或者管理工作。国家质检总局颁发的《特种设备作业人员监督管理办法》对特种设备作业人员作业种类与项目作出了明确规定，此处不再赘述。

7. 特种设备检验核准制度

《特种设备安全监察条例》规定：从事特种设备监督检验、定期检验、型式试验及专门为特种设备生产、使用、检验检测提供无损检测服务的特种设备检验检测机构，应当经国务院特种设备安全监督管理部门核准。特种设备使用单位设立的特种设备检验检测机构，经国务院特种设备安全监督管理部门核准，负责本单位核准范围内的特种设备定期检验工作。

如上所述，特种设备机构从事的检验可以分为生产过程的监督检验、在用设备的定期检验、产品和部件的型式试验，以及专门为特种设备生产、使用、检验检测提供服务的无损检测等四种类型。其中监督检验、型式试验和定期检验是特种设备使用登记的前置条件，在定义上其也属于行政许可范畴；使用单位成立特种设备检验机构的目的，就是为了做好本单位内部的定期检验工作，由于这种检验检测机构不具备独立、公正的地位，故只允许从事核准范围的本单位设备的定期检验工作。

8. 特种设备检验检测人员考核制度

特种设备检验检测人员是指进行监督检验、定期检验的检验人员及进行型式试验、无损检测的人员。检验检测人员的素质包括检验检测技术水平、职业道德和工作能力，这是保证检验检测工作质量、做好检验检测工作的首要因素。《特种设备安全监察条例》规定：检验检测人员应当经国务院特种设备安全监督管理部门组织考核合格，取得检验检测人员证书，方可从事特种设备检验检测工作；并且还规定：检验检测人员从事检验检测工作，必须在特种设备检验检测机构执业，但不得同时在两个以上检验检测机构中执业。

无损检测方法、项目和级别见下表：

无损检测方法、项目和级别

方法	项目名称	代号	级 别
射线检测	射线胶片照相检测	RT	Ⅰ、Ⅱ、Ⅲ
	射线数字成像检测	RT（D）	Ⅱ
超声检测	脉冲反射法超声检测	UT	Ⅰ、Ⅱ、Ⅲ
	衍射时差法超声检测	TOFD	Ⅱ
	相控阵超声检测	PA	Ⅱ
	脉冲反射法超声检测（自动）	UT（AUTO）	Ⅱ
磁粉检测	磁粉检测	MT	Ⅰ、Ⅱ、Ⅲ
渗透检测	渗透检测	PT	Ⅰ、Ⅱ、Ⅲ
声发射检测	声发射检测	AE	Ⅱ、Ⅲ
涡流检测	涡流检测	ECT	Ⅱ、Ⅲ
	涡流检测（自动）	ECT（AUTO）	Ⅱ
漏磁检测	漏磁检测（自动）	MFL（AUTO）	Ⅱ

注：Ⅰ级无损检测人员工作职责：①正确调整和使用无损检测仪器；②按照无损检测操作指导书进行无损检测操作；③记录无损检测数据，整理无损检测资料；④了解和执行有关安全防护规则。

Ⅱ级无损检测人员工作职责：①从事或者监督Ⅰ级无损检测人员的工作；②

按照工艺文件要求调试和校准无损检测仪器，实施无损检测操作；③根据无损检测工艺规程编制针对具体工件的无损检测操作指导书；④编制和审核无损检测工艺规程（限持Ⅱ级资格4年以上的人员）；⑤按照规范、标准规定、评定检测结果，编制或者审核无损检测报告；⑥对I级无损检测人员进行技能培训和工作指导。

Ⅲ级无损检测人员工作职责：①从事或者监督I级和Ⅱ级无损检测人员的工作；②负责无损检测工程的技术管理、无损检测装备性能和人员技能评价；③编制和审核无损检测工艺规程；④确定用于特定对象的特殊无损检测方法、技术和工艺规程；⑤对无损检测结果进行分析、评定或者解释；⑥对I级和Ⅱ级无损检测人员进行技能培训和工作指导。

未设置Ⅲ级项目的，Ⅲ级无损检测人员的工作由Ⅱ级无损检测人员承担。

9.3.2 安全监督检查制度

《特种设备安全监察条例》规定：特种设备安全监督管理部门依照本条例规定，对特种设备生产、使用单位和检验检测机构实施安全监察。特种设备监督检查是一项重要的特种设备安全监察行为，其主要方式是由各级特种设备安全监督管理部门派出特种设备安全监察人员到特种设备生产（含设计、制造、安装、改造、维修）单位、气体充装单位和特种设备使用单位进行其针对特种设备安全活动是否符合特种设备安全法律、法规、规章和安全技术规范的要求，而实施的监督检查。特种设备安全监督管理部门实施的现场监督检查，主要有全面检查和专项检查两种形式。监督检查的目的是及时发现、处理特种设备生产、使用单位存在的问题，包括特种设备隐患，以预防事故发生。因此，对监督检查发现的问题和隐患，需要根据其严重程度，采取行政强制措施，分别予以处理。

1. 全面检查

全面检查是按照规定的检查期限、检查项目、检查内容和检查程序要求，对被检查单位进行的全项目检查。检查的主要内容是对被检查单位的条件、管理进行检查，并且抽查在用特种设备安全运行情况。

2. 专项检查

专项检查是指针对具体情况，对被检查单位实施的特定项目检查。与全面检查相比，专项检查是一种根据事先掌握的情况或者上级的工作布置，而进行的有针对性的现场监督检查，包括特种设备安全监察机构接到特种设备检验检测机构报告的重大问题的检查、专项整治检查、节假日检查、重大社会活动检查、上级交办事项的检查以及举报投诉检查等。

3. 监督检查的强制措施

（1）对有证据表明生产、使用的特种设备或者其主要部件不符合特种设备安全技术规范的要求，或者在用设备存在严重事故隐患的，应当予以查封或者扣押。

（2）对检查时发现有违反《特种设备安全监察条例》和安全技术规范的行为，发现在用设备存在事故隐患的，特种设备安全监督管理部门应当下达特种设备安全监察指令书，责令被检查单位立即或者限期采取必要措施予以改正或者消除事故隐患。

（3）对检查发现被检查单位有严重违法行为，或者在用特种设备存在严重事故隐患的，特种设备安全监督管理部门应当下达特种设备安全监察指令书，责令使用单位停止使用特种设备。

（4）对出现拒绝接受检查的违法行为、存在区域性或者普遍性的严重事故隐患、被检查单位对严重事故隐患不予整改或者消除等重大问题，需要当地人民政府和有关部门支持、配合的，特种设备安全监督管理部门应当提出工作建议，及时以书面形式报告同级人民政府或者通知有关部门。

（5）对发现被检查单位应受行政处罚的，依照有关规定实施行政处罚，包括吊销（撤销）许可资格。发现被检查单位或者人员涉嫌构成犯罪的，应当按照有关规定，移送司法机关调查处理。

9.3.3 强制检验制度

对特种设备实施强制检验是国家特种设备安全监察的主要制度之一，《特种设备安全监察条例》规定如下：

（1）按照安全技术规范的要求，应当进行型式试验的特种设备产品、部件或者试制特种设备新产品、新部件、新材料，应当经国务院特种设备安全监督管理部门核准的检验检测机构型式试验，方可用于制造。

（2）锅炉、压力容器（包括移动式承压类特种设备）、压力管道元件、起重机械、大型游乐设施的制造过程和锅炉、压力容器（包括移动式承压类特种设备）、电梯、起重机械、客运索道、大型游乐设施的安装、改造、重大维修过程，必须经国务院特种设备安全监督管理部门核准的检验检测机构按照安全技术规范的要求进行监督检验，未经过监督检验合格的不得出厂或者交付使用。

特种设备使用单位应当按照安全技术规范的定期检验要求，在安全检验合格有效期满前1个月向特种设备检验检测机构提出定期检验要求；检验检测机构接到定期检验要求后，应当按照安全技术规范的要求及时进行安全性能检验和能效测试；未经过定期检验或者检验不合格的特种设备，不得继续使用。

特种设备强制检验制度有以下特征：①特种设备的强制检验是法定的，与特种设备生产单位对产品的检验、使用单位对在用特种设备的日常检查性质不同，生产单位的检验和使用单位的日常检查属于企业质量管理、安全管理范畴；②特种设备的强制检验具有强制性，未经过监督检验，或者检验不合格的产品不得出厂或交付使用；未经过定期检验，或者检验不合格的在用特种设备不得继续使用；③特种设备强制检验必须由经国务院特种设备安全监督管理部门核准的检验检测机构，按照核准的检验资格范围进行；④强制检验主要分为3种类型，即型式试验、监督检验和定期检验；⑤检验检测机构对检验报告的结论负责，检验要按照国家规定的标准收费；⑥特种设备生产单位应当对特种设备产品质量负责，特种设备使用单位应当对在用特种设备安全负责；不能因有了强制检验，特种设备生产单位就忽略了自身负责的产品检验及日常安全检查。

9.3.4 行政处罚制度

特种设备行政处罚是指特种设备安全监督管理部门根据法律、法规和规章的规定，对违反行政特种设备行政法规、规章（包括地方性法规、地方政府规章）尚不构成犯罪及尚不构成刑事处罚的自然人、法人或者其他组织实施的一种行政制裁。

特种设备行政处罚具有以下特征：

（1）特种设备行政处罚是一种行政行为，行政处罚的主体是特种设备安全监督管理部门。

（2）特种设备行政处罚的对象是作为相对方的公民、法人或其他组织，即特种设备生产、使用和检验检测机构。

（3）特种设备行政处罚的前提是行政相对方有违反行政法规、规章的过错行为，且该行为是行政法规、规章规定的必须处罚行为。

（4）特种设备行政处罚的性质是一种以惩戒违法为目的，具有制裁性的具体行政行为。

9.3.5 事故调查处理制度

特种设备事故调查处理是特种设备安全监察的一项重要工作，对事故的调查处理，一方面从中找出特种设备事故规律，继而从特种设备安全技术和安全监督管理上采取技术和管理措施，防止同类事故重复发生；另一方面通过事故责任追究，起到惩戒和警示作用，提醒有关人员增强责任意识，落实责任措施。

9.4 特种设备安全法规标准体系

鉴于特种设备具有潜在危险性的特点，世界上很多发达国家都有专门的法律来调整涉及特种设备安全的各种关系和行为。但由于特种设备安全监察内容广泛、技术性很强，很难在几部法律或法规中规定所有安全监察内容，所以大多数国家都分层次制定安全监察规范，形成了多层次、较完善的法规体系，如德国的《设备安全法》、欧盟的《承压设备指令》《索道指令》《电梯指令》等。在这些法律、法规中，对特种设备的设计、制造、安装、检验等环节提出了具体要求，并授权政府职能部门行使有关管理。将特种设备进行强制性监督管理，是各国一致的做法。另外，对特种设备的设计、制造、安装、使用、检验、修理、改造等环节提出监督管理和技术规范要求，而这些要求通常也是以法律、法规（政令、条例）、规章和技术规范的形式提出，并已形成了较为完整的特种设备安全法规体系。

目前，我国的特种设备安全法规标准体系由5个层面组成。第1层是法律，即由全国人大批准通过的《中华人民共和国特种设备安全法》；第2层是行政法规，即国务院《特种设备安全监察条例》；第3层是国务院部门规章，如《特种设备作业人员监督管理办法》《特种设备事故报告和调查处理规定》《起重机械安全监察规定》；第4层是国家特种设备安全监督管理部门颁布的安全技术规范，如《起重机械定期检验规则》《电梯监督检验和定期检验规则》等技术性规范文件；第5层是技术标准，主要是指被安全技术规范引用的国家标准和行业标准。

特种设备法规标准体系集合特种设备安全的各个要素，是对特种设备安全生产、安全监察、安全技术措施等的完整描述；是实现特种设备依法生产、依法使用、依法检验和依法监管的基础；是完善法制建设的重要内容。

特种设备法规标准体系的完善程度关系到国家利益和人民的切身利益，对我国特种设备产品的国际竞争力和我国特种设备制造业的发展也有深层次的影响。

9.4.1 法律

2013年6月29日第十二届全国人大常委会第三次会议通过的《中华人民共和国特种设备安全法》（中华人民共和国主席令第四号）是我国第一部特种设备专业法，已于2014年1月1日起施行。

此外，现行法律中涉及特种设备安全和特种设备安全监察工作的还有《中华人民共和国劳动法》《中华人民共和国产品质量法》《中华人民共和国进出口商品检验法》《中华人民共和国安全生产法》《中华人民共和国行政许可法》《中华人民共和国行政处罚法》《中华人民共和国行政复议法》《中华人民共和国突发事件应对法》《中华人民共和国消防法》《中华人民共和国节约能源法》《中华人民共和国道路交通安全法》《中华人民共和国标准化法》《中华人民共和国计量法》等。

9.4.2 行政法规

行政法规是国务院根据宪法和法律，制定和公布的行政规范性文件。现行的行政法规中，直接涉及特种设备的是《特种设备安全监察条例》，与特种设备有关的行政法规主要有《危险化学品安全管理条例》《石油天然气管道保护条例》《国务院关于特大安全事故行政责任追究的规定》《生产安全事故报告和调查处理条例》《安全生产许可证条例》《建设工程安全生产管理条例》《铁路运输安全保护条例》《铁路交通事故应急救援和调查处理条例》《中华人民共和国道路交通安全法实施条例》《中华人民共和国道路运输条例》《中华人民共和国进出口商品检验条例》《中华人民共和国进出口商品检验法实施条例》《劳动保障监察条例》等。此外，国务院《国务院关于进一步加强安全生产工作的决定》和《国家安全生产事故灾难应急预案》也具有行政法规效力。

9.4.3 部门规章和地方性法规、规章

1. 部门规章

部门规章是国务院各部、委员会、中国人民银行、审计署和具有行政管理职能的直属机构，依据法律和国务院行政法规、决定、命令，在本部门权限范围内制定的规章。部门规章规定的事项应当属于执行法律或者国务院行政法规、决定、命令的事项。涉及两个以上国务院部门职权范围的事项，应当提请国务院制定行政法规或者由国务院有关部门联合制定规章。

国务院特种设备安全监督管理部门——国家市场监督管理总局制定和公布的特种设备现行规章有《特种设备目录》《特种设备事故报告和调查处理规定》《锅炉压力容器压力管道特种设备安全监察行政处罚规定》《特种设备作业人员监督管理办法》《锅炉压力容器制造监督管理办法》《小型和常压锅炉安全监察规定》《气瓶安全监察规定》《压力管道安全管理与监察规定》《特种设备质量监督与安全监察规定》《起重机械安全监察规定》。此外，还有原建设部和原国家质量技术监督局制定和发布的《游乐园管理规定》，也是部门规章。

2. 地方性法规、规章

省、自治区、直辖市的人民代表大会及其常务委员会根据本行政区域的具体情况和实际需要，在与宪法、法律和行政法规不相抵触的前提下，可以制定地方性法规。较大的市的人民代表大会及其常务委员会根据该市的具体情况和实际需要，在与宪法、法律和行政法规不相抵触的前提下，可以制定地方性法规，报省、自治区的人民代表大会常务委员会批准后执行。在地方性法规方面，如广东、山东、江苏、浙江、黑龙江、重庆、淄博、鞍山等省、直辖市和市的人民代表大会根据各地实际，制定和发布了地方特种设备安全监察条例。

省、自治区、直辖市和较大的市的人民政府，可以根据法律、行政法规、地方性法规制定规章。在特种设备方面，有关地方政府规章主要有《北京

市电梯安全监察办法》《上海市电梯安全监察办法》《湖北省锅炉压力容器压力管道特种设备安全监察办法》《安徽省锅炉安全监察若干规定》《上海市禁止制造销售使用简陋锅炉和非法改装常压锅炉的规定》《杭州市电梯安全管理办法》《南京市电梯安全监察和质量监督办法》等。

9.4.4 安全技术规范

特种设备安全技术规范是指国家特种设备安全监督管理部门依据《中华人民共和国特种设备安全法》《特种设备安全监察条例》，对特种设备的设计、制造、安装、改造、维修、使用、检验检测和事故调查处理等活动制定颁布的强制性规定。安全技术规范是特种设备法规体系的重要组成部分，其作用是把与特种设备有关的法律、法规和规章的原则规定具体化。特种设备安全技术规范具有明确的法律地位，安全技术规范具有行政强制效力。

安全技术规范涉及特种设备安全与技术几个方面：①在单位（机构）、人员、设备、方法等方面体现了管理和技术要求的全方位；②在设计、制造、安装、改造、维修、使用、检验检测、监察和事故调查处理等环节，体现了管理和技术要求的全过程；③在锅炉、压力容器、压力管道、电梯、起重机械、大型游乐设施、客运索道、场（厂）内机动车辆以及材料、附件、安全装置等，体现管理和技术要求的全覆盖。

安全技术规范分为综合、锅炉、压力容器、压力管道（含元件）、电梯、起重机械、大型游乐设施、客运索道、场（厂）内机动车辆等九大类。安全技术规范的名称一般称为规程、规则、导则、细则、技术要求等。

9.4.5 技术标准

技术标准主要是指特种设备安全技术规范引用的标准。技术标准主要为国家标准和行业标准。技术标准一旦被特种设备安全技术规范所引用，具有与特种设备安全技术规范同等的效力，具有强制属性，并成为特种设备安全技术规范的组成部分，技术标准是特种设备安全技术规范的技术基础和补充，我国的标准分为国家标准、行业标准、企业标准和地方标准。国家标准是对需要在全国范围内统一的技术要求制定的标准，国家标准由国务院标准化行政主管部门制定，是对没有国家标准而又需要在全国某个行业范围内统一的技术要求所制定的标准。行业标准不得与国家标准相抵触。有关行业标准之间应保持协调、统一，不得重复。行业标准在相应的国家标准实施后，即行废止。对没有国家标准和行业标准而又需要在省、自治区、直辖市范围内统一的工业产品的安全、卫生要求，可以制定地方标准。地方标准由省、自治区、直辖市标准化行政主管部门制定，并报国务院标准化行政主管部门和国务院有关行政主管部门备案。在国家公布相应国家标准或者行业标准之后，该地方标准即行废止。企业生产的产品没有国家标准和行业标准的，应当制定企业标准，作为组织生产的依据。企业的产品标准须报当地政府标准化行政主管部门和有关行政主管部门备案。已有国家标准或行业标准的，国家鼓励企业制定严于国家标准或行业标准的企业标准，在企业内部适用。

据初步统计我国目前共有各类特种设备及其安全附件标准和相关标准5000多项。特种设备安全技术规范中引用、部分引用或者拟引用的标准约有2000余项。

图书在版编目（CIP）数据

特种设备安全监察与检验检测及使用管理专业基础/宋涛主编. 一 长沙 : 湖南科学技术出版社，2021.2
ISBN 978-7-5710-0378-4

Ⅰ. ①特… Ⅱ. ①宋… Ⅲ. ①设备安全一安全监察 Ⅳ. ①X931

中国版本图书馆CIP数据核字(2021)第017977号

TEZHONG SHEBEI ANQUAN JIANCHA YU JIANYAN JIANCE JI SHIYONG GUANLI ZHUANYE JICHU
特种设备安全监察与检验检测及使用管理专业基础

主　　编：宋　涛
责任编辑：缪峥嵘
出版发行：湖南科学技术出版社
社　　址：长沙市湘雅路276号
网　　址：http://www.hnstp.com
印　　刷：长沙市雅高彩印有限公司
　　　　（印装质量问题请直接与本厂联系）
厂　　址：长沙市开福区中青路1255号
邮　　编：410153
版　　次：2021年2月第1版
印　　次：2021年2月第1次印刷
开　　本：710mm×1010mm　1/16
印　　张：17
字　　数：274 千字
书　　号：ISBN 978-7-5710-0378-4
定　　价：120.00元